JN303996

山崩れ・地すべりの力学

地形プロセス学入門

松倉 公憲 著

筑波大学出版会

Mass Movements in Rock and Soil Masses
Introduction to Process Geomorphology

Yukinori MATSUKURA

Life and Environmental Sciences,
University of Tsukuba

University of Tsukuba Press, Tsukuba, 2008

はじめに

　筑波大学・地球学類の地形学関連のカリキュラムでは，2年生で"地形学(2単位)"を学び，3年生でその上に"地形プロセス学(通年3単位)"と"地形プロセス学実験(通年3単位)"を積み上げるようになっている[講義・実験以外に，論文紹介をする"演習(通年3単位)"がある]．この3年生向けの講義・実験は，担当教員の専門を生かした"斜面プロセス""河川・海岸プロセス""氷河・周氷河プロセス"などの内容を取り扱っている．私はこのうちの"斜面プロセス"の部分を，実験も含めて1学期間にわたって担当している．"斜面プロセス"とは斜面で生起し地形変化をもたらす諸過程のことであり，その主なものはマスムーブメント(重力のみによる斜面物質の移動＝地すべり，山崩れなど)である．

　"地形プロセス学"の教科書は，英語で書かれた良書は何冊かあるものの，日本語によるものは見あたらないのが現状である．私が，浅学も顧みず本書を執筆した理由もここにある．本書は，上述した"地形プロセス学""地形プロセス学実験"の私の講義ノートが基本となっている．本書の内容は，毎年講義を良くすべく試行錯誤を重ねながら，あるいは受講生の質問に受け答えしつつ，少しずつ改良してきたものの集大成でもある．その意味で，この講義の多年にわたる受講生に感謝したい．

　"学生にとってわかりやすい講義をしたい"というのが，私の常日頃のモットーである．したがって，本書の執筆にあたっても，"地形学の初学者"のために，できるだけ理解しやすいように"わかりやすさ"を心がけたつもりである．そのため，文章や説明が重複していたり冗長であったりすることもあえていとわなかった．そのほうが初学者には親切であるとも考えたからである．式の展開を丁寧にしたことや演習問題を付けたのも同じ趣旨からである．この本を読んで，"地形学"のおもしろさを理解し，"地形プロセス学"を志向する学

徒が一人でも増えることがあれば，望外の喜びである．

　本書は，"自然地理学"あるいは"地形学"関連の学部学生の入門書として書かれてはいるが，その内容から，応用地質，土木工学，地盤工学，砂防学分野で地盤災害に関係した学生・院生のみならず，この方面の素養をもたないまま現場で地盤災害の現象に直面せざるを得なくなった防災技術者にとっての，基礎的な参考書としても活用していただけるのではないかと思っている．

　30年余りにわたって筑波大学にお世話になってきた．その筑波大学の出版会から拙著を出版できることは，私にとって大変嬉しいことである．出版を勧めていただいた同僚の田林　明先生に感謝いたします．本書の作成過程では，小崎四郎・小暮哲也さんらに図表の作成等で助力をいただいた．また八反地剛講師および筑波大学出版会の先生方には粗稿を読んでいただき，貴重なご意見・ご指摘をいただいた．以上の方々に記して感謝の意を表します．

　平成20年8月

松　倉　公　憲

目　　次

はじめに ……………………………………………………………………… i
記号一覧 ……………………………………………………………………… v

序　章　導　　入 ……………………………………………………………… 1

第1章　岩石・土の力学の基礎 ………………………………………………… 9
　1.1　応力とひずみ ………………………………………………………… 10
　1.2　モールの応力円 ……………………………………………………… 13
　1.3　モール-クーロンの破壊基準 ………………………………………… 18
　1.4　モール-クーロンの破壊基準と断層 ………………………………… 20
　1.5　モール-クーロンの破壊基準と土圧，地すべり面の形状 ………… 21

第2章　岩石・土のレオロジー ………………………………………………… 27
　2.1　レオロジー …………………………………………………………… 28
　2.2　岩石の流動と粘弾性 ………………………………………………… 32
　2.3　土のクリープと崩壊発生時期の予知 ……………………………… 36

第3章　岩石と土の物理的・力学的性質 ……………………………………… 41
　3.1　岩石の物理的性質 …………………………………………………… 42
　3.2　土の物理的性質 ……………………………………………………… 47
　3.3　土のコンシステンシー ……………………………………………… 51
　3.4　岩石の強度とその測定法 …………………………………………… 55
　3.5　各種岩石の強度特性値 ……………………………………………… 61

3.6　岩盤の強度(マスとしての岩石強度)：強度の寸法効果 ･････････････ 65
　3.7　土の強度およびその測定法 ････････････････････････････････････ 70

第4章　マスムーブメントの力学的解析Ⅰ：
　　　　　崖崩れの解析 ･･ 89
　4.1　マスムーブメントの発生要因 ･･････････････････････････････････ 90
　4.2　マスムーブメントの力学の基本 ････････････････････････････････ 91
　4.3　斜面の限界自立高さの解析(Culmannの解析) ････････････････････ 92
　4.4　岩石斜面の垂直自立高さ ･･････････････････････････････････････ 96
　4.5　シラス台地開析谷の谷壁斜面における崖崩れ ････････････････････ 100
　4.6　シラス谷壁斜面の発達モデルと空間-時間置換 ･･･････････････････ 106

第5章　マスムーブメントの力学的解析Ⅱ：
　　　　　山崩れ・地すべりの解析 ････････････････････････････････････ 117
　5.1　山崩れと地すべりの差異 ･･････････････････････････････････････ 118
　5.2　山崩れ・地すべりの解析法 ････････････････････････････････････ 119
　5.3　花崗岩山地における山崩れ(表層崩壊) ･･････････････････････････ 123
　5.4　ハンレイ岩山地における地すべり ･･････････････････････････････ 128

付　　　録 ･･ 141
　1.　演習問題解答例 ･･ 141
　2.　SI単位と本書で使用される単位系 ･･････････････････････････････ 151
　3.　単位の換算表 ･･ 154
　4.　三角関数の基礎公式 ･･ 156
　5.　基礎関数の導関数 ･･ 158

　索　　　引 ･･ 159

記　号　一　覧

　本書で使用されている記号を以下にまとめた．たとえば b のように，同じ記号が複数の異なる意味で使用されている場合があったり，逆に斜面勾配のように，β, θ, i の三つの記号が使い分けられたりしているケースがあったりするので，注意してほしい．

A	断面積，加圧面の断面積
a	潜在破壊面の(水平面とのなす)角度
B_r	脆性度
b	最大主応力面とのなす角，ベーンせん断試験器の底面の内径，崖端から引張亀裂までの水平距離
c	粘着力
c'_p	ピーク強度の粘着力(有効応力表示)
c'_r	残留強度の粘着力(有効応力表示)
d	供試体の直径，点載荷圧裂引張試験の載荷点間の距離，ベーンせん断試験器の底面の直径，供試体の直径
d'	供試体の変形後の直径
E	ヤング率(縦弾性係数)
e	間隙比
F_D	斜面での駆動力
F_R	斜面物質の抵抗力
F_s	安全率
G_s	真比重
H	ベーンせん断試験器のベーンの高さ，斜面高さ，ノッチ上端からの崖の高さ

H_c		限界斜面高さ(斜面の安定限界高さ)
H'_c		引張亀裂のある垂直な崖の限界斜面高さ
I_p		塑性指数
i		斜面勾配
K		亀裂係数
k		土圧係数
L		斜面長,潜在破壊面の長さ
l		供試体の長さ
l'		供試体の変形後の長さ
M_{max}		ベーンせん断の最大回転モーメント
m		地下水面の高さを表すパラメータ
m_s		固体部分の質量
m_w		液体部分の質量
m_a		気体部分の質量
m_1		ピクノメーター(比重びん)の質量,水置換法での土の全質量
m_2		比重びん+試料の質量,水置換法での置換した水の質量
m_3		比重びん+試料+蒸留水の質量,水置換法での土の乾燥重量
N		スライスの基底に働く全垂直力
N_s		安定示数
N_{10}		簡易貫入試験機で10 cm 貫入するために必要な打撃回数
n		間隙率
P		破壊時の全荷重,山中式土壌硬度の貫入硬度
q_u		一軸圧縮強度
R		シュミットハンマー反発値,残留係数
r		相関係数,円の半径
r^2		決定係数
S		斜面全体でのせん断抵抗力,すべり面での平均強度
S_c		圧縮強度

S_c^*	亀裂のある岩盤の圧縮強度
S_t	引張強度
S_s	せん断強度
S_r	飽和度
S_f	ピーク強度
S_r	残留強度
s	引張力，合応力，降伏応力
T	斜面全体の駆動力
t	時間
t_r	破壊に至るまでの時間
u	間隙水圧
V	供試体の体積
V'	供試体の変形後の体積
V_{total}	全体積
V_s	固体部分の体積（岩石または土の体積）
V_w	液体部分の体積（水の体積）
V_a	気体部分の体積（空気の体積）
V_v	間隙の全体積
V_f	野外で計測された岩盤内の弾性波（P波）速度
V_L	亀裂を含まないインタクトな岩石試料の弾性波（P波）速度
W, W^*	潜在破壊面より上部の斜面物質の重量，スライス重量
W_s	固体部分の重量（岩石または土の重量）
W_w	液体部分の重量（水の重量）
W_a	気体部分の重量（空気の重量）
w	含水比，弾性ひずみエネルギー
w_L	液性限界
w_P	塑性限界
w_S	収縮限界
w_{max}	最大弾性ひずみエネルギー
X_n, X_{n+1}	スライス間力（スライス側面に働く力）

x		山中式土壌硬度計による貫入指標
y		風化による岩石強度損失の量
Z		破壊面(すべり面)の鉛直深,崖の背後にある引張亀裂の深さ
Z_0		限界亀裂深さ(崖の背後にある引張亀裂の深さの限界)
Z_w		地表から地下水面までの深さ(鉛直深)
z		土層厚
α (alpha)		加速度,試験片の稜の長さ
β (beta)		斜面勾配,潜在破壊面(あるいは破壊面)の勾配,圧縮試験において層理・葉理・片理と載荷方向とのなす角度
γ (gamma)		単位体積重量
γ'		水中単位体積重量
γ_d		乾燥単位体積重量
γ_w		湿潤単位体積重量,水の単位体積重量
γ_{sat}		飽和単位体積重量
Δ (delta)		変形量
Δb		横方向の変形量
Δl		縦方向の変形量
ΔM		ノッチの奥行き
ΔV		せん断に伴う体積変化
δ (delta)		崖上面の勾配
ε (epsilon)		ひずみ
ε_b		横ひずみ
ε_l		縦ひずみ
ε_i		最小二乗法における測定値と直線との誤差
η (eta)		粘性係数,粘度
θ (theta)		斜面勾配,破壊面と最大主応力面とのなす角度
ν (nu)		ポアソン比
ρ (rho)		密度

ρ_d	乾燥かさ密度
ρ_w	湿潤かさ密度，水の密度
ρ_{sat}	飽和かさ密度
σ (sigma)	垂直応力
σ_1	最大主応力，三軸圧縮試験の軸圧
σ_2	中間主応力
σ_3	最小主応力，三軸圧縮試験の側圧(封圧)
σ_E	弾性限界
σ_x	垂直応力(垂直土圧)
σ_z	水平応力(水平土圧)
τ (tau)	せん断応力，せん断強度
τ_{max}	せん断応力の最大値(せん断強度)
τ_M	緩和時間
τ_K	遅延時間
ϕ (phi)	せん断抵抗角，内部摩擦角
ϕ_p	ピーク強度のせん断抵抗角
ϕ'_p	ピーク強度のせん断抵抗角(有効応力表示)
ϕ_r	残留強度のせん断抵抗角
ϕ'_r	残留強度のせん断抵抗角(有効応力表示)

MASS MOVEMENTS IN ROCK AND SOIL MASSES

［序　章］
導　　入

　本書は，"地形学"の対象の中からマスムーブメントの問題を取り上げる，ということを"はじめに"に書いた．ところで，"地形学"とはいったいどんな学問であろうか．あるいは，"マスムーブメント"とはいったいどのような現象をさすのであろうか．本書の目次をみると，第1章の最初の節見出しは"応力とひずみ"となっている．また，第2章の"レオロジー"とか，第3章の"岩石・土の物理的・力学的性質"といった，一見"地形学"とは関係なさそうな用語が並んでいる．このような章がなぜ必要なのであろうか．そこで序章では，上記の疑問に答えながら本書の意図を明確にしておこう．

■ 地形学とは

　地形学は英語では geomorphology という．geo は"地球"，morphology は"形態学"，すなわち地球表層の形態学が"地形学"である．また，"地形"は英語では landforms（いろいろな地形があるので，複数形にした）という．

　地形には，山の地形，川の地形，海の地形などがある．たとえば，山の地形を考えてみよう．戦国大名・武田氏の軍旗に書かれた"風林火山"の一節に，"動かざること山のごとし"というのがある．確かに，山はわれわれの日常の時間感覚からすれば変化しないものである．しかし"地球科学的な長い時間でみれば，火山噴火や地盤の隆起によって新たに山が誕生したり成長したりする．また，それらの山は川や氷河によって削られたり，あるいは地すべりや山崩れなどによっても削られる．このような地形の形成や変化を研究するのが"地形学"である．簡単にいえば，"地形学"とは，山，川，海の地形が，過去から現在にかけてどのようにして形成されてきたのか，はたまたこれから先，どのように変化していくのか，というようなことを明らかにしようという学問である．

■ 地形学の歴史

　地形学はおよそ100年ほど前に，著名な地形学者のデイビス（W.M. Davis：1850-1934）によって大きく前進した．デイビスはある山地が低平地になるまでのモデルを"侵食輪廻説"として提示した．このモデルは，地形は原地形から幼年期・壮年期・老年期と変化するものであると考えており，ダーウィン（C.R. Darwin：1809-1882）の進化論に触発されて考えられた．この山地の侵食輪廻については，中学・高校で使用される地図帳に載っているので（たとえば，図 序-1），記憶されている読者も多いであろう．

　デイビスの原理は，地形の進化的変化は構造（structure）と作用（process）と時間（time）の三つの因子で記述すべきである，というものであったが，作用についての実証的研究は彼自身によってはまったくなされなかった．すなわち彼の説は，直感的推論に頼ったものであり，きわめて演繹的である．しかし，その記述は図に示したようにきわめてわかりやすいこともあり，広く世界中の

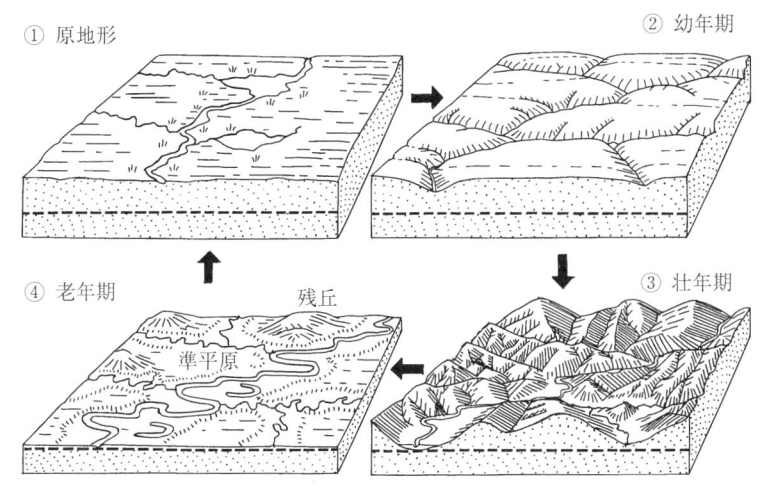

① 原地形　② 幼年期　④ 老年期　残丘　準平原　③ 壮年期

図 序-1 地形の輪廻．図中において，地中のある深さのところに引かれた破線は，侵食作用の及ぶ下限（河川の侵食の場合は海面の高さ）を表している．山本正三ほか"詳解現代地図 2007-2008"二宮書店
地形は原地形 → 幼年期 → 壮年期 → 老年期と矢印の方向に従って変化する．しかし，地形の変化はこのような一回の輪廻で終わるものではなく，老年期にあった地形が地盤隆起をすると，それが原地形になって侵食が始まり（地形の回春という），再び一連の地形変化が起こる

地形学者に受け入れられた．

そのようなデイビス地形学（定性的・主観的記載に重点がおかれた地形学）が蔓延している中で，地形を定量的・実証的に研究しよう，あるいは実験的な側面から研究しようとする流れも存在した．たとえば，ギルバート（G.K. Gilbert：1843-1918）はその先駆者である．彼の晩年に出版された "The transportation of debris by running water（流水による岩屑の運搬），1914" は，河川の侵食・運搬作用の問題に力学的考察を導入したものである．このような力学的研究は，その後スウェーデンのウプサラ学派のユルストローム（F. Hjulström）やズンドボリ（Å. Sundborg，流水作用の実験を行い，砕屑物の移動・堆積の限界条件などを議論），イギリスのバグノルド（R.A. Bagnold，飛砂と砂丘の問題を力学的観点から議論）などに引き継がれた．そして，このように地形を力学的に説明しようとする研究法は，その後 1960 年代以降は地形学における大きな流れの一つになっている．

地形を定量的に研究しようとする，もう一つの重要な流れがある．それは日本人地形学者である谷津榮壽(1920-)よって提唱されたものである．1966年，谷津榮壽による"Rock control in geomorphology(地形学における岩石制約)"が出版された(Yatsu, 1966)．谷津はこの本で，地形学における岩石物性の重要性を述べた．さらにその概念を拡張し，landform material science(地形材料学)という"地形を理解するために，岩石物性の把握もしくはそれらの地形形成作用への影響を詳細に試験する"研究法を提示した(Yatsu, 1971)．たとえばそれ以前は，岩石の硬さの表現として，"ブーツで蹴ると壊れる(ほど軟らかい)"とか"ハンマーでたたいて金属音がする(ほど硬い)"とか"ハンマーでたたくとそれがめり込むほどぐずぐずである"といったような定性的なものがほとんどであった．しかし，ブーツの蹴り方やハンマーのたたき方では人によって反応が異なり，このような方法はとても科学的とはいえない．谷津はこのような問題点を指摘し，より定量的な岩石・土の強度や弾性波速度などの物性から，より科学的な地形学(力学的に地形を説明する研究法)を構築しなければいけないと主張した．この研究法は，提唱されてから40年ほどになるが徐々に世界に浸透しつつある．

以上の地形学の流れを大胆に要約すれば，デイビスをはじめとする19世紀〜20世紀前半の地形学者たちが"地形は変化するものだ"と主張すること(定性的説明)だけで満足していたのに対し，最近の地形学者たちは，"**なぜ**地形が変化するのか"を(定量的に)理解しようと努力しているということになる．

■ 地形プロセス学とは

最近の地形学においては，地形の形成は以下の式で表されることが多い．

$$F = f(A, M, T) \tag{序.1}$$

すなわち，問題とする地形あるいは地形変化 F は，営力(地形を変化させる力) A と地形構成物質(岩石や土) M と継続時間 T の関数である，というものである．もちろんこの中の営力は，火山活動や地殻変動などの"内的営力"と，雨，風，波，氷河などの"外的営力"の二つからなっている．たとえば，この式は以下のような簡単な例で説明される．砂丘においてある一定以上の風

速をもつ風が，ある時間継続して吹くと，そこに砂漣(きれん)(wind ripple)が形成される．この場合，A に相当するのが"営力"としての風であり，M に相当するのが"地形構成物質"としての砂，T が風の"継続時間"ということになり，それぞれが関与して砂漣という微地形 F を形成することになる．この場合，A と M が関連して"飛砂"が起こるが，そのような直接地形を形成する現象(作用)を"地形過程"あるいは"地形プロセス"と呼ぶ．"地形プロセス"を定量的・実証的に研究することにより，地形の本質に迫ろうという研究法は"地形プロセス学"と呼ばれている．"地形プロセス学"を，このように広義に定義すれば，"地形材料学"も"地形プロセス学"に包含される．

■ マスムーブメントの定義と本書で扱うテーマの範囲

外的営力が関与する地形形成作用(地形形成プロセスとも呼ばれる)は，"風化プロセス""侵食プロセス""運搬プロセス""堆積プロセス"に区分される．主に山地は風化と侵食のプロセスによって解体(開析)される．侵食は物質の移動を伴う現象である．この地形物質の移動には，運搬媒体(たとえば，流水，風，波，氷河など)が存在する場合と，運搬媒体が存在しない場合(重力のみによる移動)がある．前者をマストランスポート(mass transport)，後者をマスムーブメント(mass movement)あるいはマスウェイスティング(mass wasting)という．本書で扱うのは後者のマスムーブメントである．

"マスムーブメント"を学問的に定義すると，"流水，風，波，氷河などの運搬媒体を伴わず，重力によって斜面物質が斜面下方へ移動すること"である．"マスムーブメント"の"マス"は，質量の意味ではなく，マスメディアのマスと同じ"集団"とか"塊"の意味である．簡単にいえば，マスムーブメントとは，落石，匍行，崖崩れ，山崩れ，地すべり，土石流などの総称である．

マスムーブメントにおいては，式(序.1)の A に相当する"営力"は重力であり，これは地形学的には地球上ではぼ一定とみなしてよいので，特段にこれを取り出して吟味する必要はない．したがって，斜面プロセスの理解には，M を定量的に扱う"地形材料学"からのアプローチが有効となる．そこで，本書もその立場をとっている．すなわち，本書の狙いは，地形を構成する物質

(岩石・土)の物性をとおして，"斜面プロセス(マスムーブメント)"が力学的にどのように説明されるのか考えてみようとするものである．ただし紙幅の関係で，本書ではマスムーブメントのすべてを扱っている訳ではない．その**力学的扱いの基礎を学ぶ**という趣旨もあり，本書では"崖崩れ""山崩れ""地すべり"だけを扱うことにする．

■ マスムーブメントを学ぶもう一つの意味

1996年2月10日午前8時8分ごろ，北海道の"豊浜トンネル"において大きな地盤災害が発生した．豊浜トンネルは国道229号線，積丹半島の東海岸の古平町豊浜に位置するが，その上部岩盤が崩落し，ちょうど通りかかったバスと乗用車が下敷きになり，20名が犠牲になった．この例のように，マスムーブメントが人間生活の場で発生すると災害を引き起こす．特に日本列島では毎年のように台風や梅雨時の豪雨があり，また大きな地震も頻発するが，それらが引き金となって地すべりや山崩れ・土石流などが起きやすい．日本列島はいわば"災害列島"でもある．したがって，このような山崩れ，地すべりなどの現象を科学的に理解することは，単に地形学の問題にとどまらず，それらが引き起こす災害を防止したり減じたりする対策を考えるうえでも重要であろう．

■ 本書の構成・流れと本書で施した工夫

マスムーブメントは斜面構成物質(岩石・土)の破壊・変形現象でもある．そこで斜面プロセスの理解には，岩石・土の物理的性質や力学的性質の理解が不可欠である．岩石・土の物理的性質や力学的性質は一般に"岩石力学""土質力学(地盤工学)"などで扱われる．したがって，斜面プロセスの理解にはこれらの学問の力も借りなければならない．さらに，これらの学問の基礎は"弾性論・塑性論・レオロジー"などである．そのため弾性論・塑性論・レオロジーの基礎も学ぶ必要があろう．ということで本書の前半部(第1章と第2章)では，それらの基礎について解説した．また第3章では，岩石の物理的性質と力学的性質の基本概念と，それらの計測法について少し詳しく述べた．

本書の後半の第4章と第5章では，前半の基礎で学んだことを利用し，マス

ムーブメントをいかに力学的に解釈するかについて述べている．特に垂直な崖の自立高さ，山崩れ，地すべりに関する斜面安定解析について詳しく解説した．このような解析をとおして，マスムーブメントという自然現象が力学的法則(物理法則)によっていかに支配されているかを述べたつもりである．

　本書は教科書として使えるようにと思って書かれているが，自習によっても理解できるように工夫したつもりである．たとえば，式の証明の一部は Appendix として，それぞれの章の最後にまとめたが，それらの式の展開は自習によってもフォローできるように，できるだけ飛躍のないように努めた．読者もその展開をなぞって理解を深めて欲しいと思う．そして，それらの式の展開に必要な三角関数の公式や基礎関数の導関数については，巻末の付録に公式を載せてあるので，公式を忘れた場合でもそれらをすぐに参照できるようにした．また，各章ごとにいくつかの演習問題を付けてある．これらの問題を解くことによって，より深い理解が得られることを願っている(演習問題の解答例の一例は巻末の付録に示した)．ただし，演習問題の多くは単位が不統一になっている(種々の単位の換算に慣れる意味で意識的に不統一にしている場合もある)ので，計算する場合には単位の換算を間違えないように注意をしてほしい．

　ところで，科学技術分野では，国際単位系である SI 単位系(International System of Units)が広く浸透してきている．しかし本書で取り上げる斜面や地盤を扱う分野では，従来から重力単位系が利用されてきており，今後も利用されるケースが少なくないと思われる．そのような事情から，本書でもいくつかの単位系が併用されているので，巻末の付録にそれらの単位について概説した．

■ 本書の最終目標

　以下は，本書で取り上げた演習問題の一つである(第 4 章の演習問題 4-1，95 ページ)．

　　　図 4-5(96 ページ)は，上述した豊浜トンネルの岩盤崩落が起こる前の地形断面を示したものである．豊浜トンネルの崖は，比較的強度の大きい火砕岩からなっているが，高さが 100 m に満たない崖で崩落が起こり，

豊浜トンネルを押しつぶすことになった．この崖の垂直自立高さ（垂直に立っていられる高さの限界値）を求めるとともに，この崖がなぜ崩落をしたのか，その理由をいくつか挙げよ．

　本書の最終目標を具体的な例でいえば，上述のような問題を解けるようになることである．すなわち，**地形（変化）を力学的に解釈できる**ようになることである．本書を読み内容を理解すれば，それが可能になるものと信ずる．

引 用 文 献

Yatsu, E. (1966) *Rock Control in Geomorphology*. Sozosha, Tokyo, 135 p.

Yatsu, E. (1971) Landform material science: Rock control in geomorphology. *In* Yatsu, E., Dahms, F.A., Falconer, A., Ward, A.J. and Wolfe, J.S. eds., *Research Method in Geomorphology* (1 st Guelph Symposium on Geomorphology, 1969), Science Research Associates, Ontario, 49-56.

[第 1 章]

岩石・土の力学の基礎

斜面で生起する地すべりや山崩れなどを総称して"マスムーブメント"という．マスムーブメントは斜面構成物質である岩石や土の破壊・変形現象である．そこでマスムーブメントの理解には，岩石・土の力学的性質の理解が不可欠である．岩石・土の力学的性質は一般に"岩石力学""土質力学(地盤工学)"の分野で扱われるが，これらの学問の基礎には"弾性論・塑性論"などがある．そのため，"マスムーブメント"を理解するには"弾性論・塑性論"から始めなければならない．そこで本章では，"弾性論・塑性論"の基本である"応力"と"ひずみ"をまず取り上げる．その後，モールの応力円と，岩石・土の基礎的な破壊論であるモール-クーロンの破壊基準についても言及する．

1.1 応力とひずみ

■ 応力とひずみ

たとえば**図 1-1** のように，天井からぶら下げたゴムを引っ張る（引張という外力を加える）と，ゴムは伸びる．あるいは消しゴムを上から押す（圧縮する）と，消しゴムはつぶれる．このようなとき，ゴムあるいは消しゴムの内部のある仮想の断面において，面を挟んだ両側で，それぞれ矢印で表されるような方向の力（内力）が発生すると考えられる．このように**物体に外力が与えられたときに，物体内部の任意の"単位面"を通して，その面の両側の物体部分が互いに相手に及ぼす"力"**を，その面に関する応力(stress)という．このことから，応力は単位面積あたりの力（力/面積）として定義される．力 F は質量 m に加速度 a（速度変化をその間の時間で割った値）を乗じたものであるから，その次元は $[M][(L/T)/T] = [MLT^{-2}]$ となる．また，面積の次元は $[L^2]$ である．したがって，応力の次元は $[MLT^{-2}]/[L^2] = [ML^{-1}T^{-2}]$ となる．

このように物体を引っ張れば物体内部には引張応力が発生し，圧縮すれば

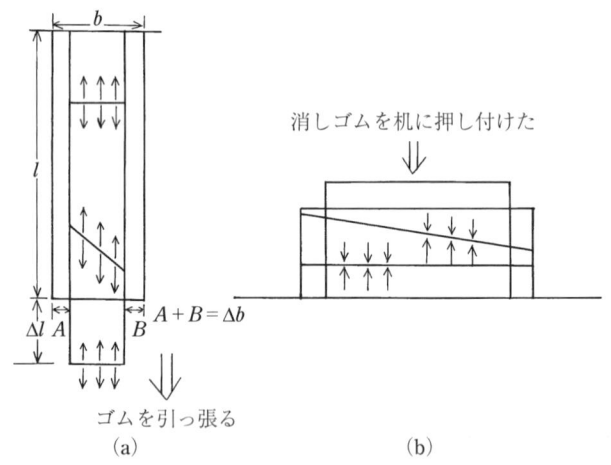

図 1-1 外力が作用したときの物体内部の仮想の面の両側における力の状態．物体内部に応力が発生する
(a) 天井からつり下がったゴムを引っ張った場合，(b) ゴムを机に押しつけた場合

圧縮応力が発生するが，それと同時に物体は変形する．たとえば図 1-1 の a のような場合，引張の縦の方向には延び，それと直交する横方向には縮む．そこで，もとの長さを l とし，縦方向に延びた分の長さ(変形量)を Δl とすると，$\Delta l/l$ はひずみ(strain)と定義される．これを縦方向のひずみ ε_l とする．ひずみ ε は長さを長さで割ったものであるので，次元は $[L/L]=[L^0]$ となり無次元(単位のない値)となる．一方，横方向のもとの長さを b，縮みの変形量を Δb とすると，横方向のひずみ ε_b は $\Delta b/b$ となる．

■ 主応力と主応力面，主応力軸

話を応力に戻そう．図 1-2 の a のように，卵形の物体がいろいろな方向から引張の外力を受け，釣り合った状態にあると考える．ここで，ある任意の断面の中に単位面 dA を想定すると，そこには s という引張応力が働いていることになる．一般に，この s は dA の面に垂直な成分 σ と dA の面に沿う方向の成分 τ とに分解される(σ と τ の合成が s であると考えるほうがわかりやすいかもしれない)．ここで，σ は垂直応力(normal stress)と呼ばれ，τ はせん断応力(shear stress)と呼ばれる．

ところで図 1-2 の a では任意の断面を想定しているが，この断面を少し傾けてみよう．すると図 1-2 の b のように，σ が s の方向に一致するところがある．このとき σ と s の大きさは等しくなり，同時に τ の値はゼロの(すなわ

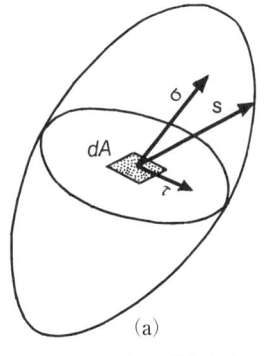

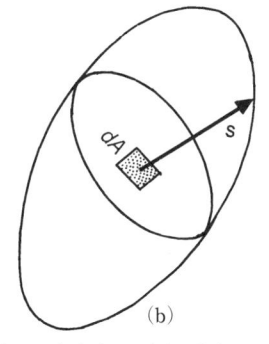

図 1-2 (a) 垂直応力 σ，せん断応力 τ，合応力 s，(b) 垂直応力が合応力と同じ方向になったとき，せん断応力はゼロとなる

ち，せん断応力がなくなる)状態が生まれることになる．このような状態にある面を主応力面(principal plane)という．

上記の例は，二次元での状態を想定しているが，これをもう少し複雑な三次元の状態で考えてみよう．図 1-3 の a は，物体の内部に一つの面が単位面に相当する正六面体を想定したものである．ここでは，三つの直交する軸をそれぞれ x，y，z としている．もちろん，この物体には外力が作用しており，それが釣り合った状態にある．前述したように，それぞれの単位面においては，垂直応力とせん断応力が作用していることになる．この図では合計九つの応力が描かれている．当然それらの応力には大小があるはずであるから，その九つを区別する必要がある．たとえば，垂直応力は三つであるので，それらの作用する方向によって，σ_x，σ_y，σ_z と添字を付けることによって区別できる．しかし，せん断応力の場合は，同じ面上に二つずつあるので，垂直応力のように添字が一つでは，それぞれを区別できない．そこで，τ_{ij} のように添字を二つにして表示される．それぞれの添字は，"i 軸に垂直な面で j 方向に働く応力"を意味する．したがって，図の上面で手前に向う矢印で表される応力は"z 軸に垂直な面で x 軸方向に作用する"ので τ_{zx} と表される．同様に，同じ面で右に向う応力は，"z 軸に垂直な面で y 軸方向に作用する"ので τ_{zy} と表される．実は，垂直応力の表示も，この定義で表すと，同じ上面の下向きの矢印で表される応力は，"z 軸に垂直な面で z 軸方向に作用している"ので，σ_{zz} と表現される．このように添字の z が二つ重なるので，一つを省略している

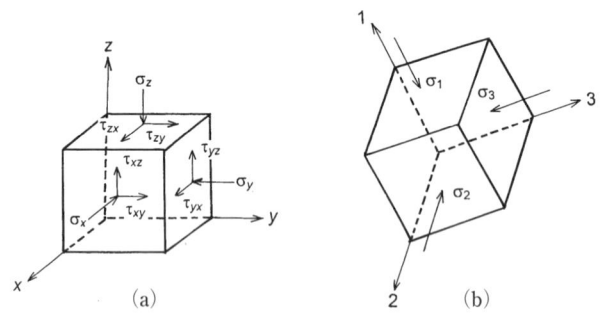

図 1-3 三軸応力状態における微小な立方体の各面上での応力
(a) 任意の方向の場合，(b) 各面が主応力軸に垂直な方向の場合

ことになる(教科書によっては,垂直応力にも添字を二つ付けているものもある).

さて,このような応力状態のものを,先ほどの図1-2のbで行ったように,正六面体ををうまく回転させ(すなわち三つの軸は直交のままで),せん断応力がゼロになるところを探してみよう.図1-3のbがその状態である.ここで重要なのは,一つの主応力面を探し当てられると残りの面すべても主応力面になることである.すなわち,このような状態では主応力(principal stress)の三つだけが作用し,せん断応力のすべてがゼロになる.

主応力の作用する軸は主応力軸(principal stress axes)と呼ばれるが,このように,主応力軸は互いに直交する.図1-3のbでは三つの主応力軸に新たに1,2,3の番号が付けられているので,それぞれの垂直応力はσ_1,σ_2,σ_3と表される.一般に,これらの応力は大きい順に$\sigma_1 > \sigma_2 > \sigma_3$と並べられ,それぞれ最大主応力(maximum principal stress),中間主応力(intermediate principal stress),最小主応力(minimum principal stress)と呼ばれる.

1.2　モールの応力円

■ モールの応力円

後述するように,たとえば三軸圧縮試験は,供試体の横方向から力(それを断面積で割ったものを側圧あるいは封圧と呼ぶ)をかけた状態で,縦方向に徐々に圧縮力(軸圧)をかけていく試験である.圧縮力があるところまで大きくなると(すなわち,岩石内部での応力が大きくなり,それが岩石の強度より大きくなると)岩石は破壊する.側圧が小さい場合には破壊の圧縮力は小さく,岩石は縦の方向の破壊面をもつことが多い.側圧を大きくした場合には破壊に至る圧縮力はかなり大きいものになり,破壊面は斜めに交差したものになることが多い.このような破壊時には,破壊面にどれだけの力が働いているのであろうか.換言すれば,破壊時には破壊面にはどれだけの応力が発生しているのであろうか.このようなことを理解するためには,モールの応力円(Mohr's circle)が便利である.

今,角柱供試体(試験サンプルを供試体と呼ぶ)を用いた三軸圧縮試験を考え

る(図 1-4 の a). この図に示すように，縦の圧縮方向から最大主応力 σ_1 が作用し，横方向から中間主応力 σ_2 と最小主応力 σ_3 とが作用している状態で，この角柱試料の内部に断面が直角三角形の三角柱を考える．三角柱の厚み(奥行きの長さ)は単位長さをとり，斜面と底面とのなす角(この角度は任意の値をとれる)を b とする．

このような条件のもとで，最大主応力面と角度 b をなす面上における垂直応力 σ とせん断応力 τ は，どのようになるであろうか，という問題を考えてみよう．すなわち，未知の σ と τ を既知である σ_1, σ_3, b で表せというのが与えられた問題である(一般的な三軸圧縮試験は $\sigma_2=\sigma_3$ であるので，このように二次元で考えてよい)．これを解くためには，図 1-4 の b をもとにして，力の平衡(釣合い)を考えればよい．すなわち，面 AA′B′B(面積は $\delta s \times 1$)に σ という応力が作用しているので，そこでの力は $\sigma \times \delta s$ となる．同様に σ_1 および σ_3 という応力が $\delta x \times 1$ あるいは $\delta z \times 1$ という面積に働いているので，これらを乗じて力にし，さらにそれらの力の作用する方向である $\cos b$ と $\cos(\pi/2-b)$ を乗ずることにより，両者の力が計算される．したがってこれらの三つの力の釣合いは次式で表現される．

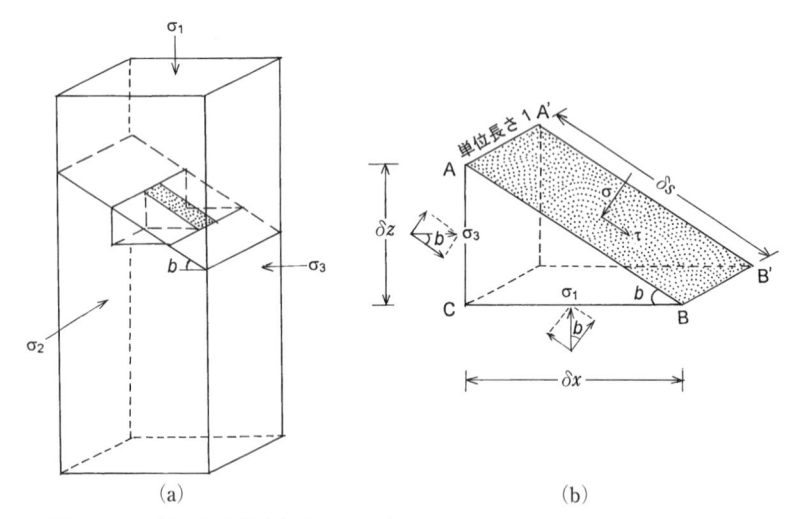

図 1-4 三軸圧縮試験を想定した場合の平面応力状態における微小三角柱上の応力の平衡

$$\sigma\delta s = \sigma_3 \delta z \cos\left(\frac{\pi}{2} - b\right) + \sigma_1 \delta x \cos b$$
$$= \sigma_3 \delta z \sin b + \sigma_1 \delta x \cos b \tag{1.1}$$

$$\tau\delta s = \sigma_1 \delta x \cos\left(\frac{\pi}{2} - b\right) - \sigma_3 \delta z \cos b$$
$$= \sigma_1 \delta x \sin b - \sigma_3 \delta z \cos b \tag{1.2}$$

ここで，われわれは $\delta z/\delta s = \sin b$, $\delta x/\delta s = \cos b$ であることを知っているので，これらを使って式(1.1)と式(1.2)の中の δs を消去することができ，次式を得る．

$$\sigma = \sigma_3 \sin^2 b + \sigma_1 \cos^2 b \tag{1.3}$$

$$\tau = \sigma_1 \sin b \cos b - \sigma_3 \sin b \cos b$$
$$= (\sigma_1 - \sigma_3) \sin b \cos b \tag{1.4}$$

一般には，これらの式は倍角の公式を用いて表現される．すなわち，式(1.3)に余弦の倍角の公式である $\cos^2 b = 1/2(1+\cos 2b)$ と，$\sin^2 b = 1/2(1-\cos 2b)$ を代入すると

$$\sigma = \sigma_3\left(\frac{1}{2} - \frac{1}{2}\cos 2b\right) + \sigma_1\left(\frac{1}{2} + \frac{1}{2}\cos 2b\right)$$
$$= \frac{1}{2}(\sigma_1 + \sigma_3) + \frac{1}{2}(\sigma_1 - \sigma_3)\cos 2b \tag{1.5}$$

同様に正弦の倍角の式 $\sin b \cos b = 1/2 \sin 2b$ を使うことにより，式(1.4)は

$$\tau = \frac{1}{2}(\sigma_1 - \sigma_3)\sin 2b \tag{1.6}$$

となる．この式(1.5)，式(1.6)によって，主応力の大きさと方向がわかれば，主応力面と b の角度をなす面上での垂直応力とせん断応力が計算できることになる．

ところで，これらの式の両辺を2乗したものをそれぞれ加えると，

$$\left(\sigma - \frac{\sigma_1 + \sigma_3}{2}\right)^2 + \tau^2 = \left(\frac{\sigma_1 - \sigma_3}{2}\right)^2 \tag{1.7}$$

が得られる．この式は σ と τ が σ-τ 平面上における一つの円周上にあること

を示している．この関係はドイツの応用力学者のオットー・モール(Christian Otto Mohr: 1835-1918)によって最初に図で視覚的に説明されたので，モールの応力円と呼ばれる(図 1-5)．

モールの応力円の描き方は，**横軸に σ，縦軸に τ とし，σ 軸に与えられた値である σ_1 と $\sigma_3 (\sigma_1 > \sigma_3)$ をとり，この二つの値の差を直径とする円を描く**，という簡単なものである．すなわち図1-5の点A[すなわち，$(\sigma, \tau) = (\sigma_3, 0)$] から角度 b なる直線を引き，その直線がモールの応力円と交わった点(図の点C)が，求める σ と τ を与えることになる．この証明を図 1-5 を使って説明しよう．

点Cから σ 軸上に垂線をおろし，その交点をDとすると，求める τ は図からCDの長さとなることがわかる．ところで角CAX(ここでXは円の中心)を b としたので，三角形CAXが二等辺三角形であることから角CXDは $2b$ となる．したがって，図から

$$CD = CX \sin 2b \qquad (1.8)$$

となるが，ここで，$CD = \tau$，$CX = AX = 1/2(\sigma_1 - \sigma_3)$ であるので，これらを式(1.8)に代入すると次式が得られる．

$$\tau = \frac{1}{2}(\sigma_1 - \sigma_3) \sin 2b \qquad (1.9)$$

これは式(1.6)とまったく同じである．また，σ の値は図からODの長さで与

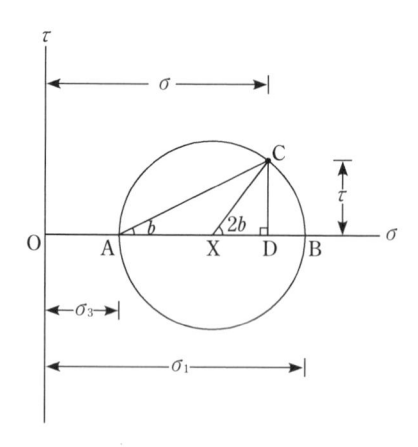

図 1-5 モールの応力円

えられる．すなわち $\sigma=\mathrm{OD}=\mathrm{OA}+\mathrm{AD}$ で求められる．OA は σ_3 であるので，あとは AD を求めればよい．すなわち，

$$\mathrm{AD}=\mathrm{AX}+\mathrm{XD}=\mathrm{AX}+\mathrm{CX}\cos 2b \tag{1.10}$$

ここで，AX も CX も円の半径であることから，$\mathrm{AX}=\mathrm{CX}=1/2(\sigma_1-\sigma_3)$ であるので

$$\mathrm{AD}=\frac{1}{2}(\sigma_1-\sigma_3)(1+\cos 2b) \tag{1.11}$$

となり，

$$\begin{aligned}\sigma&=\sigma_3+\frac{1}{2}(\sigma_1-\sigma_3)+\frac{1}{2}(\sigma_1-\sigma_3)\cos 2b\\&=\frac{1}{2}(\sigma_1+\sigma_3)+\frac{1}{2}(\sigma_1-\sigma_3)\cos 2b\end{aligned} \tag{1.12}$$

が得られる．この式は式(1.5)とまったく同じである．すなわち，点 C は，σ_1 と σ_3 という主応力が作用する供試体内部の，最大主応力面に対して b をなす面に働く垂直応力とせん断応力を示している．換言すると，この図から最大主応力面とある角度をもった平面上に働く σ と τ は，このモールの応力円上の点としてすぐに読み取れることになる．

演習問題 1-1 最大主応力 4 kgf/cm², 最小主応力 1 kgf/cm² を受ける土塊において，最大主応力面となす角が，30°，45°，60° なる面の垂直応力とせん断応力を求めよ[式(1.5)および式(1.6)を用いて計算により求めよ]．

演習問題 1-2 上の演習問題 1-1 を，モールの応力円によって図解的に求めよ．

1.3 モール–クーロンの破壊基準

■ モール–クーロンの破壊基準

円柱状の供試体を用いた三軸圧縮試験をモールの応力円で表現したら，どのようになるであろうか．これを示したのが**図 1-6** である．試験開始時には側圧 σ_3 だけがかかっている．実際には三軸セルの中に供試体があるので，軸圧としても σ_3 と同じ大きさの σ_1 がかかることになる（等方圧状態）．したがって，モールの応力円は実験開始時には円にならず点となる．実験開始後に軸圧 σ_1 を徐々に大きくすると，σ_3 と σ_1 を直径とするモールの応力円は徐々に大きくなっていく（図中の破線の円が徐々に大きく右方向に拡大していく）．しかし，モールの応力円は際限なく大きくはなれない．なぜなら軸圧がある大きさになると，岩石は破壊するからである．

ところで，岩石・土の破壊理論にはいくつかの説があるが（詳細については Appendix 1-1 を参照），その中の一つにクーロン（フランスの実験物理学者，工学者．Charles Augustin de Coulomb：1736-1806）の説がある．彼は，岩石や土の破壊はせん断応力 τ と垂直応力 σ の間に，

$$\tau = c + \sigma \tan\phi \tag{1.13}$$

が成立するときに起こると考えた（この式はクーロンの強度式と呼ばれる）．こ

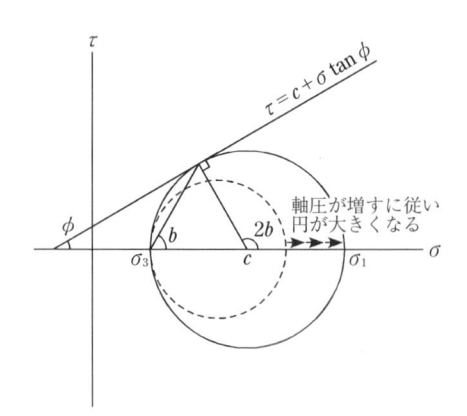

図 1-6 せん断破壊（クーロンの式）とモールの応力円

こで c はせん断強度(shear strength)または粘着力(cohesion：土の場合にはこのように呼ばれる)と呼ばれる定数，ϕ はせん断抵抗角(angle of shearing resistance)あるいは内部摩擦角(angle of internal friction)と呼ばれる定数である．このようにクーロンによれば，岩石や土の強度定数は c と ϕ の二つの強度定数からなり，τ と σ の関係[式(1.13)]は，図 1-6 に示すように直線となる(これは破壊包絡線と呼ばれる)．

　先ほどの三軸圧縮試験に話を戻すと，軸圧を徐々に増大させていくといずれ岩石の破壊が起こる，といった．この破壊が起こるのはモールの応力円が破壊包絡線に接したときである．なぜなら，この線より下部の応力に対しては岩石は十分耐えられるが，線を超えるような応力に対しては耐えられないからである．このようにクーロンの強度式とモールの応力円によって破壊を説明する理論をモール-クーロンの破壊基準(岩石の破壊理論については Appendix 1-1 を参照)という．

■ 破壊面の角度

　三軸圧縮試験による破壊時のモールの応力円は，クーロンの強度式に接したときであるので，そのときの状態を描いたのが前述した図 1-6 である．この図の中の三角形を使った単純な幾何学により，

$$b = \frac{\pi}{4} + \frac{\phi}{2} \tag{1.14}$$

が得られる．破壊がもっとも起きやすいのが最大せん断応力の面であると考えると，この b は破壊面そのものを与えることになる．すなわち，三軸圧縮試験による岩石・土の破断面の角度(水平面に対して)は，45°より若干(岩石・土のもっているせん断抵抗角の半分を加えた分だけ)大きいことになる．具体的にいうと，ϕ が 30°の物質ではその破壊角は 60°になる．すなわち，モール-クーロンの破壊基準から，**破壊の平面は，中間主応力の方向を通り，最大主応力面と 45°＋ϕ/2 の角度をもつ**ということが導かれる．

1.4 モール−クーロンの破壊基準と断層

モール−クーロンの破壊基準を用いると，断層(fault)の力学が理解できる．ここでは，角柱を用いた真の三軸圧縮試験を行うことを想定してみよう．図1-7のaは縦(垂直)方向から最大主応力 σ_1 がかかっている．この場合には，中間主応力 σ_2 の方向にやや高角度の破壊面ができる．これが正断層(normal fault)に相当する．これに対して，最大主応力が横(水平)方向からかかる場合を考えてみよう．ただしこの場合は，最小主応力 σ_3 が垂直方向の場合(図1-7のb)と，それが最大主応力と直交するもう一つが水平方向からかかる場合(図1-7のc)の二つのケースがある．前者の場合は，図のように低角度の破壊面となり，逆断層(衝上断層，reverse fault あるいは thrust fault)に相当する．後者の場合は破壊面は σ_2 の方向である水平面(地上)に現れることになり，これが横ずれ断層(strike-slip fault あるいは wrench fault)に相当する．破壊面が交差する場合は，その2方向を共役(conjugate)の関係にある，という．

日本列島の活断層分布をみると，東北日本では逆断層が多く，中部日本では横ずれ断層が多いことが知られている．このことから，日本列島は東西方向からの大きな圧縮力を受けていることがわかる．すなわち東北日本では，東西方向が最大主応力 σ_1 の方向となり，それと直交する水平方向に σ_2 が作用し，垂直方向に σ_3 が作用する場(すなわち図1-7のbのような応力場)となっている．これに対して中部日本では，東西方向が最大主応力 σ_1 の方向となってい

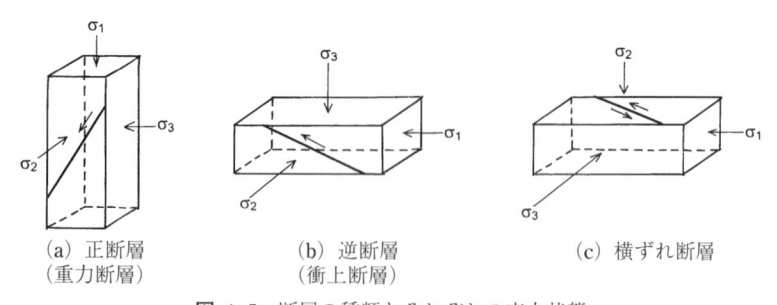

(a) 正断層
(重力断層)

(b) 逆断層
(衝上断層)

(c) 横ずれ断層

図 1-7　断層の種類とそれぞれの応力状態

るのは東日本と同じであるが，それと直交する水平方向に σ_3 が作用し，垂直方向に σ_2 が作用する場(すなわち，図 1-7 の c のような応力場)となっている．もちろん，日本列島を押す東西方向の圧縮力は，太平洋プレートやフィリピン海プレートの西進によるものである．このような地球規模での応力状態のことを広域応力場という．

1.5 モール-クーロンの破壊基準と土圧，地すべり面の形状

■ 土圧と地すべり面の形状

切土斜面においては，時として図 1-8 に示すような円弧状のすべり面をもつ地すべりが発生する．なぜこのような円弧状のすべり面が形成されるのかについては，地盤内の応力と強度の関係で説明される．このことを考える前に"土圧(earth pressure)"について考えてみよう．

図 1-9 の a は水平な地表面での粘着力のない物質の中における異なった深度での応力状態を示している．図から，深さ z における垂直応力 σ_z は以下のように与えられる．

$$\sigma_z = \gamma z \tag{1.15}$$

ここで γ は物質の単位体積重量である．また，深さ z における水平方向の応力は以下のようになる．

$$\sigma_x = k\gamma z \tag{1.16}$$

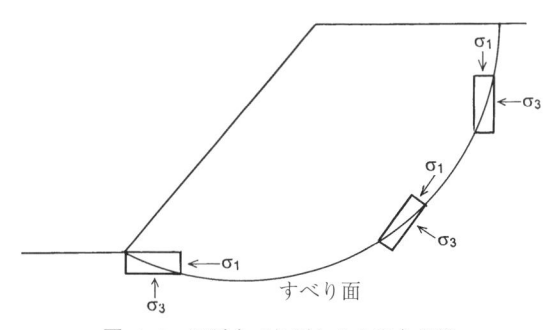

図 1-8 円弧すべり面と土の応力状態

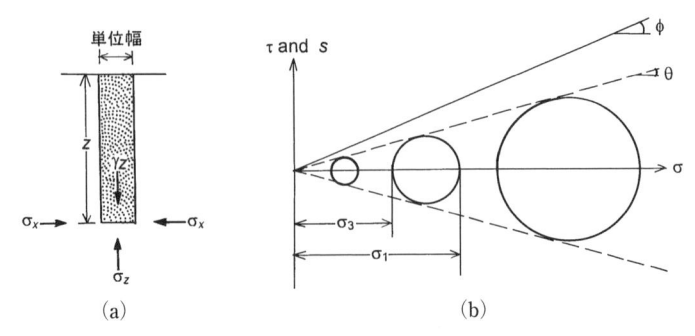

図 1-9 水平地盤での，粘着力のない土のある深さにおける応力状態 深くなるほど土圧は大きくなるので，モールの応力円は右にシフトする

ここで，k は土圧係数(coefficient of earth pressure)と呼ばれている．水の場合は静水圧で $\sigma_z = \sigma_x$ すなわち $k=1$ であるが，土圧の場合の k の範囲は 0.4 からおおむね 1 であり，それゆえ，$\sigma_z > \sigma_x$ となる．今 σ_z と σ_x が主応力で $\sigma_z > \sigma_x$ であれば，$\sigma_z = \sigma_1$，$\sigma_x = \sigma_3$ とおける．このことから，ある深度における応力状態は，図 1-9 の b に示すようなモールの応力円で表すことができる．k の値が深さとともに変化しないと仮定すれば，円の半径は深さとともに線形に増加する．この図の中には地盤を構成する物質のせん断強度(クーロンの強度包絡線)のラインを入れてあるが，モールの応力円はこのラインより下に位置することから，すべての深さ(異なった応力円)でのすべての面(円上の異なったポイント)におけるせん断応力は，物質のせん断強度よりは小さい．

もしわれわれが物質を破壊させたければ，θ の値を ϕ に等しくなるまで増加させなければならない．そのためには以下の二つの方法がある．(i) σ_z は変化させず σ_x (水平応力)を減少させるケースと，(ii) σ_x を σ_z 以上に増加させるケースである．**図 1-10** の a のように，擁壁が土圧を支えている状況を想定する．この場合深さ z での応力状態をモールの円で示すと図 1-10 の a ①のようになる(図中の直線は地盤のせん断強度のライン)．ここで擁壁を左方向に引くことを想定する．この場合は σ_x (水平応力)が減少することになるので，上記の(i)の場合に相当する．水平土圧が σ_{x2} になるとモールの応力円は②のようになり，さらに擁壁を引いてやると土圧は減少し円はさらに左側に大きくなっていく．水平土圧が σ_{x3} の状態(すなわち③の円)になると，地盤強度のラ

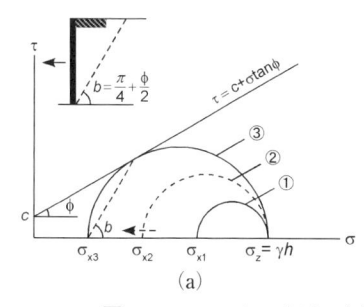

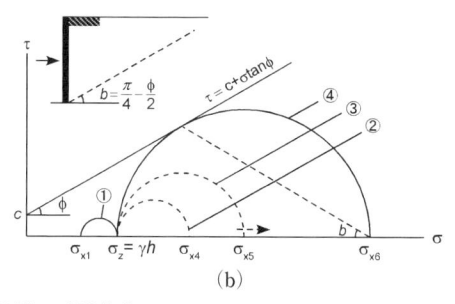

図 1-10 ランキン土圧の主働状態・受働状態におけるモールの応力円

インに接し地盤強度が限界に達したことを意味する．すなわち，地盤中の傾斜角 b の面が破壊角になって，この面でせん断破壊することになる．

　上記とは逆に擁壁を押すことを考えてみる．すなわち上記(ii)の場合をつくりだすことを考える．ただし，押す前の状況は図 1-10 の b ①で上記(i)のスタートと同じである．擁壁を押すと σ_x（水平応力）が徐々に大きくなるので，途中で $\sigma_x=\sigma_z$ の等方状態になる（この場合モールの応力円は点となる）．擁壁をさらに押して水平土圧が σ_z を超えて σ_{x4} になるとモールの応力円は図 1-10 の b ②の状態になる．さらに擁壁を強く押すとモールの応力円も大きくなり，その円が図 1-10 の b ④になったときクーロンの破壊線に接し地盤は破壊する．

　上記(i)の場合には，擁壁を引いているので土塊は外に押し出すように破壊する．この破壊は主働破壊(active failure)と呼ばれる．一方(ii)のケースは擁壁に押されて破壊するが，この破壊は受働破壊(passive failure)と呼ばれる．主働状態の場合は最大主応力は z 方向である．式(1.14)で示したように，破壊面と最大主応力面とのなす角 b は $b=\pi/4+\phi/2$ となる．したがって，b は 45°より大きい破壊角をもつことになる（断層でいえば正断層の状態）．一方受働状態の場合には最大主応力の方向は水平方向（すなわち最大主応力面は垂直面）であることから，破壊角 b は $b=\pi/4-\phi/2$ となり 45°より小さくなる（もちろん最大主応力面に対して $\pi/4+\phi/2$ という関係は変わらない．断層でいえば逆断層の状態）．

　以上のことを，図 1-8 のような切取り法面での地すべりのすべり面の形成

として考えてみよう．この斜面の土圧の分布状態から考えて，斜面の上部では相対的に垂直応力が大きい主働域とみなすことができる．一方，斜面の下部では相対的に垂直応力が小さく水平応力が大きい受働域となる．したがって，それぞれの場所での破壊角をつなぎ合わせると，図 1-8 に示したようなすべり面が形成されるということが理解される．

参 考 文 献

この章および第 2 章をまとめるにあたり，以下のような本を参考にした．
Carson, M.A.（1971）*The Mechanics of Erosion*. Pion, 174 p.
J.C. ジェーガー著，飯田汲事訳（1968）"弾性・破壊・流動論"共立出版，213 p.
山口梅太郎・西松裕一（1991）"岩石力学入門（第 3 版）"東京大学出版会，331 p.

特に最初に挙げた Carson の本は，応力の基本から斜面プロセス，流水プロセス，氷河プロセスなどの侵食に関連した問題の力学的な扱い方の基本を解説したものであり，地形学徒は一度は読むべき好著である．山口・西松の本は，岩石力学の基本を学ぶのに最適であろう．岩石力学や土質力学，レオロジーなどのさらに基本となる"弾性論・塑性論"を学ぶうえでは，ジェーガーの本は有用である．

～～～～～～～～～～～～～～～～～～～～～～～～～～～～～～

Appendix 1-1　岩石の破壊理論

（1）　脆性破壊と延性破壊

物体の破壊様式の典型例としては脆性破壊（brittle fracture）と延性破壊（ductile fracture）がある．破壊の前に永久ひずみがほとんど生じないものを脆性破壊といい，破壊の前に大きな永久ひずみが生じるものを延性破壊という（図 1A-1）．延性破壊

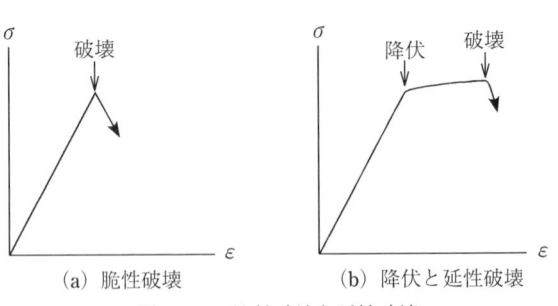

図 1A-1　脆性破壊と延性破壊

に至る過程で，弾性から塑性に変化する場所を降伏(yield)あるいは降伏点(yield point)という．降伏点から破壊までの間は塑性変形であり，わずかな応力の増加に対して大きなひずみを生じる．

通常の温度，圧力状態で岩石に応力を作用させると，ある応力以上になったとき岩石が二つ以上の部分に分離し破壊に至る脆性破壊を示すが，三軸圧縮試験のように岩石に封圧(側圧)を加えたうえで軸圧を加えると，岩石は一軸圧縮を行った場合より大きな応力まで耐えることができ，いわゆる塑性状態になったのちに破壊する．

(2) 岩石の破壊基準

本文中では，クーロン(Coulomb)の破壊基準とモール(Mohr)の破壊基準とを紹介した．クーロンの説は"物質中の最大せん断応力が物質のもつ強度と等しくなったときに破壊する"というものであり，最大せん断応力説と呼ばれる．また，モールの説は"破壊面におけるせん断応力が，その面に働く垂直応力に関係するある値に達したとき，または，最大引張応力が一定値に達したときに破壊する"としたものであり，応力円包絡線説と呼ばれる．これら以外にも岩石の破壊基準として考慮すべきものとして，以下のような理論が提案されている．これらの中で，① は微視的立場からの理論であり，②～④ は，モール，クーロンの破壊基準も含めて巨視的立場に立った理論である．

① グリフィスの破壊理論：脆性材料(たとえば岩石など)の強度の実測値は大きなばらつきをもつが，そのような現象を説明するために，1920 年代にグリフィス(Griffith)は破壊強度を構造欠陥と結び付けた仮説を提示した．彼の考えでは，物質の表面や内部に楕円体の多数の微小亀裂(クラック)が初めから存在している(クラック潜在説)．外力が加えられると，クラックの先端では応力集中(stress concentration)が起こる．この応力集中により生じる応力は，加えられた応力の 100 倍にも達することがあるという．このようなクラックの先端の応力集中が材料の強度特性値を超えると破壊が生じる．

② 最大せん断応力説：1980 年ごろ，トレスカ(Tresca)は金属の塑性変形を研究し，最大せん断応力が一定値に達すると降伏が起こると考えた．この説によれば，降伏点および破壊強度は，引張と圧縮で等しいことになるが，岩石では圧縮強度が引張強度よりはるかに大きいので，この説は岩石にはあてはまらないといえる．

③ 最大ひずみ説：サン・ブナン(St. Venant)が提案した説で，主ひずみ ε_1，ε_2，ε_3 のうちのいずれかがある限界値に達したときに降伏あるいは破壊が生じるというものである．

④ せん断ひずみエネルギー説：この説はミゼス(Von Mises)またはヘンキー

(Hencky)によって提案されたもので，"物質内にある単位体積中に貯えられたせん断ひずみエネルギーが，単位体積の降伏時に貯えられるせん断ひずみエネルギーに等しくなると破壊する"という説である．

[第2章]
岩石・土のレオロジー

氷河は氷からできているので固体(弾性体)と考えられるが,長い年月をかけて徐々に流動している.岩石も通常は固体として扱えるが,しかし,時として水飴のように曲がるような褶曲構造を示す.このような現象は,たとえばプレート間の押合いなどにより,非常に長い時間(地質学的な時間)をかけて形成されたものである.このように,氷河や岩石のような"硬い"物質も,時間をかければ弾性体のふるまいではなく,塑性体や粘性体のふるまいをする.そこで岩石や土を扱う場合には,それらの変形における時間依存性について知っておく必要がある.一般に物質の変形における時間依存性を研究するのには,レオロジーが有効である.したがって本章では,レオロジーの基本を解説するとともに,レオロジーに関係した"岩石の流動実験"の例とレオロジーを利用した"斜面崩壊発生の(時間的)予知"に関する研究例について解説する.

2.1 レオロジー

■ レオロジーとは

　レオロジー(rheology)という言葉は1929年に米国の物理化学者であるビンガム(Bingham, E.C.)によって"物質の変形と流動に関する科学"と定義されている．彼のこの思想は1922年に著わされた成書(Bingham, 1922)に盛られている．レオロジーでは，外力による物質の変形のしかたによって物質は基本的に弾性体，塑性体，粘性体の三つに分類される．そしてその変形挙動はそれぞれ弾性変形，塑性変形，粘性流動と呼ばれる．しかし実在する多くの物質では，このような単一の変形挙動を示すものはほとんどなく，多くは弾性変形といろいろな流動変形が組み合わさった複雑な変形挙動を示す．以下では，弾性，塑性，粘性の基本的性質と，それらが組み合わさった粘弾性(ねんだんせい)の一般的性質についての基本を簡単に述べる．

■ 弾性・粘性・塑性

(1) 弾性(elasticity)

　鋼のばねやゴムに外力を与えると変形する．変形したばねやゴムの内部には応力が発生するが，外力を取り除くともとの状態に戻り応力は消滅する．このような性質は弾性と呼ばれる．弾性体の応力 σ とひずみ ε の間には，次式のような比例関係が成立する(図 2-1 の a)．

$$\sigma = E\varepsilon \tag{2.1}$$

これはHooke(フック)の法則(Hooke's law)と呼ばれている．比例定数 E はYoung(ヤング)率(Young's modulus)あるいは縦弾性係数(たてだんせい)(modulus of elasticity)または単に弾性率と呼ばれる．

　弾性体の棒に外力を加えて引き伸ばすと，伸ばした方向に伸びひずみ ε_1 を生じ，横方向には収縮ひずみ ε_b を生じる．縦方向のひずみと横方向のひずみの関係は，物質によって一定で，次式によって与えられる．

$$\varepsilon_b = -\nu\varepsilon_1 \tag{2.2}$$

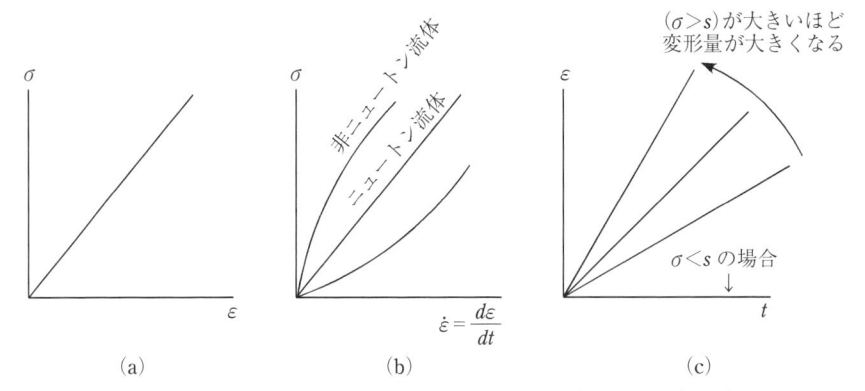

図 2-1 (a) 弾性体における応力 σ とひずみ ε の関係．(b) 粘性体(流体)における応力とひずみ速度との関係（$\dot{\varepsilon}$ はひずみ速度）．(c) 塑性体における時間とひずみの関係（s は降伏値）

ここで ν は**ポアソン比**(Poisson's ratio)と呼ばれる物質定数である．ε_l が縦方向の引張であれば，ε_b は横方向への縮みとなり，縦方向に圧縮であれば横方向に膨張となり，両者は常に正負の符号をとることになる．したがって，ポアソン比が常に正の値になるように，式中に負の符号が付いている．ポアソン比はもちろん無次元量である．一般に，岩石のポアソン比は 0.1〜0.3 であることがわかっている．すなわち，岩石を圧縮すると圧縮と直交する方向に膨張するひずみ量は，圧縮方向の縮みのひずみ量の 10〜30% 程度である．これに対してコルクのポアソン比はゼロである．すなわち圧縮や引張の軸と直交する方向には，ほとんどひずみが生じない．また，ゴムのポアソン比はほぼ 0.5 である．また，ポアソン比の逆数は**ポアソン数**(Poisson's number)と呼ばれる．

単位体積の弾性体にゆっくりと力を加えると，応力 σ が 0 から σ まで増加する間に，ひずみ ε が 0 から ε まで変化したとすれば，単位体積あたりに外力がした仕事 w は

$$w = \int_0^\varepsilon \sigma \mathrm{d}\varepsilon \tag{2.3}$$

と表せる．σ と ε の間に，Hooke の法則を適用し，弾性率を E とすれば式(2.1)がなりたつので，それを式(2.3)に代入すると

$$w = \int_0^\varepsilon E\varepsilon \mathrm{d}\varepsilon = \frac{1}{2}E\varepsilon^2 = \frac{1}{2}\frac{\sigma^2}{E} \tag{2.4}$$

となる．弾性体になされたこの仕事は，単位体積あたりの弾性ひずみエネルギー(elastic strain energy)として物体内部に蓄えられる．そして外力を取り除けば，外部への仕事として再び完全に使われる．σ と ε が線形関係を保つ最大の応力を弾性限界(σ_E)とすると，その物質の最大弾性ひずみエネルギーは，

$$w_{\max} = \frac{\sigma_\mathrm{E}^2}{2E} \tag{2.5}$$

となる．

（2） 粘性(viscosity)

応力とひずみが比例するのが弾性であるが，これに対して，液性限界(3.3節参照)以上の水分を含んだ粘土のようなものは，力が加わっている間どこまでもひずみが大きくなっていく．このような現象を流動といい，流動する物体を流体あるいは粘性体という．

複雑な構造のコロイド分散液や高分子溶液の場合は，応力とひずみ速度の関係が非線形であることもあるが(そのような物体を非ニュートン流体という)，通常の水や油などの液体(気体も含む)では，両者の関係は線形(比例)であり，このような流体はニュートン流体と呼ばれる(図 2-1 の b)．

$$\sigma = \eta \frac{\mathrm{d}\varepsilon}{\mathrm{d}t} = \eta \dot{\varepsilon} \tag{2.6}$$

ここで，η は粘性係数(coefficient of viscosity)あるいは単に粘度(viscosity)と呼ばれる．単位はポアズあるいはパスカル・秒($\mathrm{Pa \cdot s}$)を用いる．なお，$\dot{\varepsilon}$ はひずみ速度と呼ばれるものであり，$\frac{\mathrm{d}\varepsilon}{\mathrm{d}t}$ と同じものである．

（3） 塑性(plasticity)

塑性状態の(すなわち適度に水分をもった)粘土の変形挙動について考えてみる．このような粘土は，弱い外力に対しては変形しない(ひずみを生じない)が，ある程度以上の外力が加わると[この外力による応力を降伏応力(yield stress) s と呼ぶ]変形し，その変形は外力を取り去ってももとの形には戻らない．このように小さい外力では永久変形しないが，ある程度以上の大きさの外

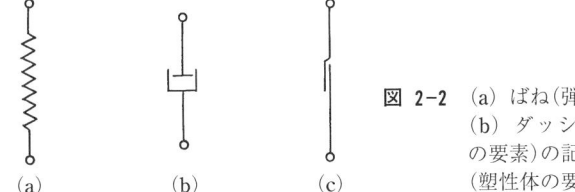

図 2-2　(a) ばね(弾性体の要素)の記号表示, (b) ダッシュポット(粘性体＝流体の要素)の記号表示, (c) スライダー(塑性体の要素)の記号表示

力が加わると永久変形する性質を塑性という(図 2-1 の c).

以上，物体の力学的性質のもっとも基本的な法則として，弾性，粘性および塑性があることを述べた．このような物質の変形挙動を表すのにしばしば力学的模型が使用される．図 2-2 に示すように，弾性にはばね(spring)，粘性にはダッシュポット(dashpot)，塑性体にはスライダー(slider)が用いられる．より複雑な複合体の変形挙動を表すのには，これら三つの模型を適当に組み合わせればよい．

演習問題 2-1　断面積 400 mm², 長さ 500 mm の軟鋼棒が，4,000 kgf の荷重で 0.22 mm 伸びた．生じている応力とひずみ，またヤング率(縦弾性係数)はいくらか？

演習問題 2-2　硬鋼は弾性限界が $\sigma_E = 80$ kgf/mm² であり，縦弾性係数 $E = 2.1 \times 10^4$ kgf/mm² である．この硬鋼の最大弾性ひずみエネルギーを求めよ．

演習問題 2-3　直径 12 mm, 長さ 200 mm の大谷石に引張荷重をかけたとき，長さが 0.2 mm 伸び，直径が 0.0018 mm 細くなった．この大谷石のポアソン比はいくらか？

演習問題 2-4　大谷石およびゴムのポアソン比は，それぞれ 0.15, 0.5 である．円形丸棒に整形した大谷石およびゴムを引っ張って変形させたとき，それぞれの密度は増加するか，減少するか？

　ヒント：微小量の二次以上の項は無視できるとすると，簡単になる．

2.2　岩石の流動と粘弾性

■ 岩石も流動する

　京都大学の研究グループによって，岩石の長年クリープ実験が以下のように行われた．広島県産の花崗岩(かこうがん)を用いて，2本の柱状の試料(長さ215 cm，厚さ6.8 cm，幅12.3 cm)がつくられた．これを間隔210 cmの刃稜の上に水平に載せ，一方は自重のみで，他方は中央に22.06 kgの荷重をつるして，それらがたわむかどうかを検討したものである．前者の柱は unloaded beam，後者は center-loaded beam と呼ばれた．2本の柱は1957年8月7日午後2時に刃稜の上に載せられ，実験がスタートした．実験開始から10年あまり経過した1967年の10月14日には，実験室の改築工事のため新実験室に慎重に移転されその後も実験が継続された．

　中央載荷(さいか)した center-loaded beam の30年間の実験結果が図 2-3 である．縦軸の値はダイヤルゲージで計測された柱の中央におけるたわみの量であり，横軸は時間(年)である．グラフは上下に変動(湿度変化に対応した伸縮)してはいるものの，全体の傾向としては徐々にたわみの量が増加し続けていることがわかる．それは荷重を載せない unloaded beam でも同様にみられた．すなわち，たわみ(変形)は30年経過しても止まることなく進行する傾向にあり，"花崗岩は降伏応力をもたない，すなわち粘性流動する"という結論が導かれた．硬い岩石といえども，時間をかければあたかも水飴のように流動するという訳である．

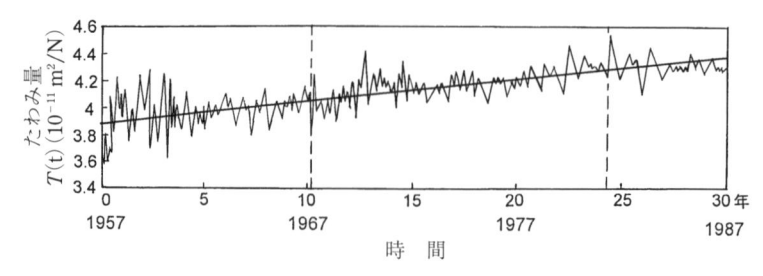

図 2-3　30年間にわたる花崗岩クリープ実験の結果(伊藤・熊谷，1990)

第2章 岩石・土のレオロジー　　33

このような**一定応力のもとでのひずみの増大**は**クリープ**(creep)と呼ばれる．このようなクリープ現象を表すのには粘弾性の模型が都合がいい．そこで，以下では粘弾性の力学模型について考えてみよう．

■ **粘弾性体とその性質**(クリープと応力緩和)

粘弾性(visco-elasticity)は弾性と粘性の両方の性質をもつので，これを力学模型で表す場合，スプリング(ばね)とダッシュポットを組み合わせればよいが，その組合せ方は図 2-4 の a に示すような直列と，図 2-4 の b に示すような並列の2通りが考えられる．それぞれの発案者の名前をとって，直列の組合せは Maxwell model といい，並列の組合せは Voigt(フォークト) model(または Kelvin model)という．

(1) Maxwell model

このモデルでは，全体の変形(ひずみ) ε は，スプリングのひずみ ε_1 とダッシュポットのひずみ ε_2 の和で表されるので，

$$\varepsilon = \varepsilon_1 + \varepsilon_2 \tag{2.7}$$

となる．また，全体にかかっている応力を σ，スプリングの弾性率を E とすると，Hooke の法則の式(2.1)から，スプリングのひずみは

$$\varepsilon_1 = \frac{\sigma}{E} \tag{2.8}$$

となり，これを時間 t で微分すると，

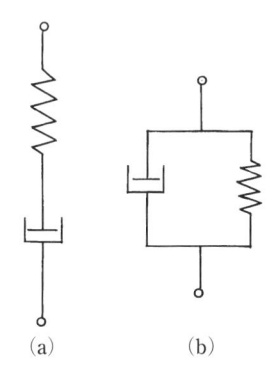

図 2-4 粘弾性体の力学的模型
(a) Maxwell 物体，(b) Voigt(フォークト)物体または Kelvin(ケルビン)物体

$$\frac{d\varepsilon_1}{dt} = \frac{1}{E}\frac{d\sigma}{dt} \tag{2.9}$$

となる．次にダッシュポットの粘性係数を η とすると，ニュートン流体の式 (2.6) からダッシュポットについてのひずみ速度は

$$\frac{d\varepsilon_2}{dt} = \frac{\sigma}{\eta} \tag{2.10}$$

となる．式 (2.7) を時間 t で微分し，これに式 (2.9) と式 (2.10) を代入すると，

$$\frac{d\varepsilon}{dt} = \frac{1}{E}\frac{d\sigma}{dt} + \frac{\sigma}{\eta} \tag{2.11}$$

がなりたつ．これが Maxwell model の基本式である．

今，ひずみを一定に保つことを考える．すなわちこの場合は $d\varepsilon/dt=0$ となるので，式 (2.11) は，

$$\frac{1}{E}\frac{d\sigma}{dt} + \frac{\sigma}{\eta} = 0 \tag{2.12}$$

となり，この微分方程式は変数分離形となる．したがって，$t=0$ のとき $\sigma=\sigma_0$ としてこれを解くと，

$$\sigma = \sigma_0 e^{-(E/\eta)t} = \sigma_0 \exp\left(-\frac{E}{\eta}t\right) \tag{2.13}$$

となる．これを図示すると図 2-5 の a のようになる．すなわち，ひずみを一定に保つときの応力は，時間とともに指数関数的に減少し，無限時間のあとになくなってしまうことになる．この現象を**応力緩和**(stress relaxation)という．応力 σ が最初の大きさの $1/e$ (e の値は 2.7183…) になるまでの時間 τ_M は

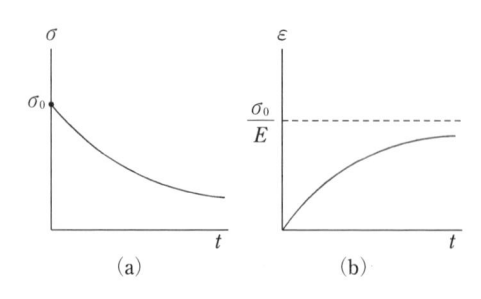

図 2-5 (a) Maxwell 物体の応力-時間線図(応力緩和)，(b) Voigt 物体の一定応力のもとでのひずみの増大(クリープ)

$\sigma=\sigma_0/e$ とおいて計算すると

$$\tau_M = \frac{\eta}{E} \tag{2.14}$$

と求まる．この値は時間の次元をもち，**緩和時間**(relaxation time)と呼ばれる．

(2)　Voigt model(フォークト)(または Kelvin model)

このモデルでは，スプリングとダッシュポットを並列に組み合わせるので，全体にかかる応力 σ はスプリングとダッシュポットがそれぞれ分担して受け持つことになり，

$$\sigma = \sigma_1 + \sigma_2 \tag{2.15}$$

がなりたつ．スプリングとダッシュポットのひずみは同じなので，これを ε とおく．スプリングの弾性率を E とすると，Hooke の法則の式(2.1)から

$$\sigma_1 = E\varepsilon \tag{2.16}$$

ダッシュポットの粘性係数を η とすると，ニュートン流体の式(2.6)から

$$\sigma_2 = \eta \frac{d\varepsilon}{dt} \tag{2.17}$$

となる．式(2.16)と式(2.17)を式(2.15)に代入すると，

$$\sigma = E\varepsilon + \eta \frac{d\varepsilon}{dt} \tag{2.18}$$

という Voigt model の基本式が得られる．この式は線形一次微分方程式であるから，これを解くと

$$\varepsilon = e^{-(E/\eta)t}\left(\varepsilon_0 + \frac{1}{\eta}\int \sigma e^{(E/\eta)t} dt\right) \tag{2.19}$$

となる．ε_0 は $t=0$ のとき，あらかじめ存在するひずみである．もしこのモデルに一定応力が加わるならば，$\sigma=\sigma_0=$const. であり，$t=0$ のとき $\varepsilon=0$ とすれば，

$$\varepsilon = \frac{\sigma_0}{E}(1 - e^{-(E/\eta)t}) \tag{2.20}$$

となる．この式は図 2-5 の b のように表され，ひずみがしだいに増加していくが，それが徐々に一定値に近づき，t が無限大のとき，ひずみが σ_0/E に達することを示している．このような**一定応力のもとでのひずみの増大**は**クリープ**と呼ばれる現象であり，このモデルはそれを表すのに都合がいい．ひずみが最初のひずみの $1/e$ の大きさになるまでの時間 τ_K は**遅延時間**(retardation time)という．

2.3　土のクリープと崩壊発生時期の予知

■ 土のクリープ

たとえば，土あるいは粘土の円柱状供試体にある重さのおもりを載せて(すなわち一定応力の状態で)放置しておくと，時間の経過とともに徐々に縮んでいく(ひずみが徐々に増加する)．この状態はまさに"一定応力のもとでのひずみの増大"であり，前述したようにクリープと呼ばれる現象である．このようなクリープ現象は以下の3タイプに分類される．

　1)　載せるおもりの**重量が比較的小さい場合**には，徐々に増加したひずみはある値で止まってしまう(**図 2-6** の①)．すなわち，ひずみ速度が徐々に減少するタイプである．このタイプは減速クリープあるいは一次クリープという．

　2)　載せるおもりの重量をある程度大きくした場合には，ひずみ速度が徐々に減少しつつひずみが増加し，ある時間経過したあとはひずみ速度が一定のままひずみが増加する(図 2-6 の②)．このひずみ速度一定の部分を定常クリープあるいは二次クリープという．

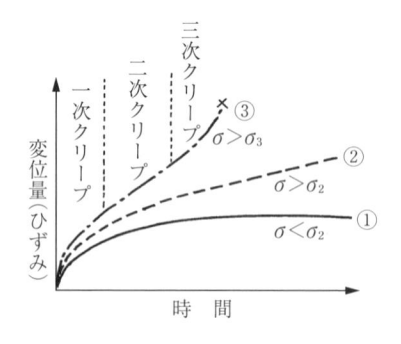

図 2-6　クリープ曲線の三つのタイプ

3) さらに重いおもりを載せた場合には，上記2)の場合と同じ挙動を示したあと，ひずみ速度が加速度的に増加して，最終的には供試体は破壊（クリープ破壊）に至る（図 2-6 の③）．ひずみ速度が加速する部分を加速クリープあるいは三次クリープという．

以上のように土のクリープ実験をすると，一次クリープで止まってしまうもの，二次クリープまでいくもの，三次クリープまで進行するものの3種類がある．

■ 地すべりの移動プロセス

地すべりがいつ発生し，その後どのような挙動を示すかということを予知することはなかなか難しい．しかし地すべりの初期には地表面に地割れや陥没・隆起などの前兆が見られたり，井戸水が濁ったり涸れたりという現象が現れるので，これらの現象を的確にとらえて予知に結び付けることは可能である．それをいっそう合理的に行うには計器による観測が必要である．通常地すべりの観測に用いられる計器には，伸縮計（地すべりの移動記録器），水管式傾斜計，パイプひずみ計などがある．たとえば，伸縮計による計測は以下のようにして行う（図 2-7）．地すべり土塊より上部の不動斜面と地すべり土塊との2点間に温度伸縮の少ない金属線（インバー線）を張り，2点間の距離の変化を測定する．移動量はギヤ機構によって増幅記録され，その精度は 0.2 mm ほどである．設置方向は，できるだけ地すべりの移動方向と平行にする．

観測されたいくつかのデータを示したのが，図 2-8 である．これらは新潟県の松の山の兎口(とぐち)地すべり（図 2-8 の a）と高場山(たかばやま)地すべり（図 2-8 の b）で計測されたものである．前者の兎口地すべりは，地すべり発生の直後は移動速度

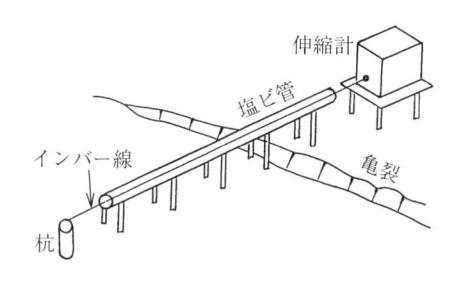

図 2-7 地すべり移動量計測のための伸縮計

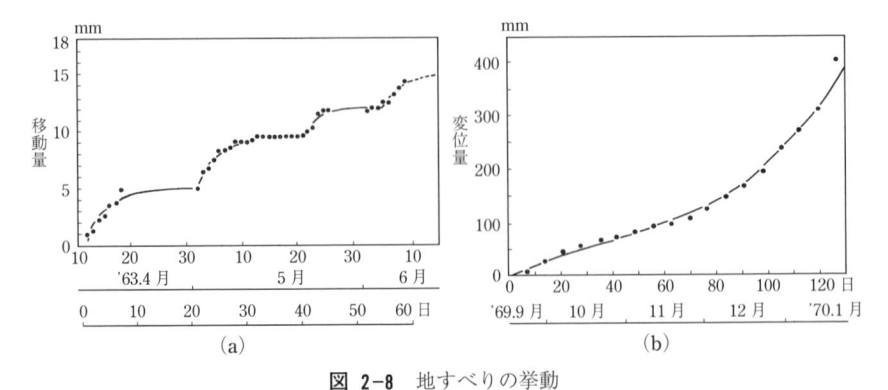

図 2-8 地すべりの挙動
(a) 兎口地すべりの挙動(駒村, 1978, 図8-25), (b) 高場山地すべりの挙動(山田ほか, 1971)

が大きいが，時間がたつにつれてしだいに動きが緩慢になり，ある程度時間がたつと移動を停止する．第5章で詳述する茨城県柿岡盆地・東山地すべりの移動パターン(図5-10参照)も，これとまったく同じタイプである．後者の高場山地すべりは，時間経過とともに徐々に移動速度を増加させ，最終的には崩壊に至ってしまったものである．

図 2-8 の横軸は時間であり，縦軸は移動量となっている．移動量を斜面長で割るとひずみに換算できるので，縦軸はひずみと読み替えられる．そうすると，これらの地すべり移動記録は前述したクリープのグラフに酷似していることがわかる．すなわち地すべりはクリープ現象とみなすことが可能となる．駒村(1978)は兎口地すべり(図 2-8 の a)のようなタイプを"減速クリープ型"，高場山地すべり(図 2-8 の b)のようなタイプを"崩壊クリープ型"と呼んでいる．

■ 斎藤による崩壊発生時期の予測モデル

地すべり・崩壊がクリープであるとの見方で，破壊の発生時間(時期)の予測に関する研究を行ったのが斎藤(1968)である．彼はまず多種類の土を用いたクリープ実験を行うとともに既存の実験データを整理した．その結果，三次クリープまで進行するケースでは，定常(二次)クリープ速度($d\varepsilon/dt$)が大きいほど，実験を始めてから破壊するまでの時間(t_r)が短いということを見いだし

た．両者の関係は両対数グラフ上で45°の勾配で右下がりの直線関係にあることを示した．すなわち，両者の関係は次式のように表された．

$$\log_{10} t_r = 2.33 - \log_{10} \frac{d\varepsilon}{dt} \tag{2.21}$$

この関係が地すべりの移動のグラフにも適用できると仮定すると，地すべり地で定常クリープ速度が把握できた時点で，この式を用いることにより破壊(崩壊)に至る時間が計算できることになる．

この手法は，1960年12月に大井川鉄道の大井川本線脇の擁壁が崩壊した事例に適用された．大井川本線は大井川の急流沿いにあるため，護岸や擁壁の防災には注意が払われていた．1960年の9月には擁壁基部に沈下や亀裂の変状が見られたので，擁壁変形の観測が開始された．9月30日以降10日ごとに擁壁の移動(変形)速度を計測していたが，11月20日過ぎからその速度が急激に増大し定常クリープとなった．そのひずみ速度から計算された破壊(崩壊)までの時間は25.6日，すなわち12月15日が崩壊発生日と予測された．そこで12月13日には列車の運行を止めた．次の日の12月14日に擁壁は線路沿いに35mにわたって倒壊した(斜面の破壊＝崩壊が起こった)．すなわち1日違いで予知に成功したことになる．

その後，この方法は高場山の例などにも適用され，その有効性が証明されている．しかし，この方法が有効性を発揮するためには以下のような制約がある．

1) 三次クリープに至るような移動プロセスをもつもの("崩壊クリープ型"の地すべり性崩壊)には適用できるが，一次クリープのあと動きが停止するような"減速クリープ型"(いわゆる地すべり)には適用できない．

2) 移動の記録がとれて，二次クリープのひずみ速度のデータが必要である．

参 考 文 献

レオロジーや岩石や土のレオロジー的性質について，もっと深く知りたい場合は，以下の図書(出版年順)が参考になる．

中川鶴太郎・神戸博太郎(1959)"レオロジー"みすず書房，763 p.

中川鶴太郎(1974)"流れる固体"岩波書店, 246 p.
上田誠也編(1974)"固体の流動:地球から結晶まで"東海大学出版会, 324 p.
唐戸俊一郎・鳥海光弘編(1986)"固体と地球のレオロジー"東海大学出版会, 345 p.

引 用 文 献

Bingham, E.C. (1922) *Fluidity and Plasticity*. McGraw-Hill, New York, 440 p.
伊藤英文・熊谷直一(1990)岩石長期クリープ実験の結果について. 第8回岩の力学国内シンポジウム講演論文集, 211-216.
駒村富士弥(1978)"治山・砂防工学"森北出版, 228 p.
斎藤迪孝(1968)斜面崩壊発生時期の予知に関する研究. 鉄道技術研究報告, **626**, 1-53.
山田剛二・小橋澄治・草野国重(1971)高場山トンネルの地すべりによる崩壊. 地すべり, **8**-1, 11-24.

[第3章]

岩石と土の物理的・力学的性質

マスムーブメントの一つである山崩れを例にすると，山崩れが起こるかどうかは，山崩れを起こそうとする力（斜面構成物質の重さの斜面方向の分力．駆動力と呼ぶ）とそれを起こさせまいとする力（斜面構成物質の抵抗力）の相対的大小で決まる．たとえば，豪雨によって発生する山崩れの現象は，① 雨が地中に浸透することにより斜面物質全体の重さが増し駆動力が増加する，② 雨水の浸透により斜面構成物質のせん断強度が減少する，ことなどから説明される．したがって，山崩れの力学的理解のためには，斜面構成物質の水分量（含水比という）やせん断強度，あるいは水分量の増減によるせん断強度変化などについての知識が必要になる．本章では，斜面構成物質のこのような物性値（物理的・力学的性質）の基本と，それらの測定法に関してまとめる．

3.1　岩石の物理的性質

岩石の物理的性質には比重，密度(単位体積重量)，間隙率(間隙比)，間隙径分布などがある．これらは岩石のもっている固有の性質である．

■ 比重と密度，単位体積重量

比重(specific gravity：G_s)は"試料の質量と同体積の水の質量との比(厳密にいえば，1気圧 4°C において試料の質量と同体積を占める純水の質量との比)"であり，密度(density)は"単位体積あたりの質量"である．また，単位体積重量(unit weight)は"単位体積あたりの重量"である．したがって，比重は無次元量(単位のない値)であり，密度は質量の次元(ML^{-3}，単位としては g/cm³)，単位体積重量は重さの次元(FL^{-3}，単位としては gf/cm³ など)をもっている．

新鮮な花崗岩のような岩石であっても，細部を見ると構成鉱物粒子間に間隙(空隙)が存在し，そこには空気(気体)か水(液体)が入っている．そこで，今，上記の各種指標を定義するために，図 3-1 のように岩石を構成する固体，液体，気体からなる仮想の構成図を考える．固体，液体，気体の各部分の質量と重量を，それぞれ m_s，m_w，m_a，W_s，W_w，W_a とし，(ただし，m_a と W_a はゼロ)，各部分の体積を，それぞれ V_s，V_w，V_a とする．この図の水の量は自然含水比状態(野外で採取した状態での含水比)にあるものとする．この岩石を 110°C のオーブンの中に 24 時間以上放置し，乾燥させると水分がなくなり乾燥(絶乾)状態となる(このとき $m_w=0$ あるいは $W_w=0$)．またこの岩石を水中に数日浸し，図 3-1 の V_a の部分にも水を入れた状態(ただし，後述するように岩石中には水が浸入できないような微細な空隙があることや，外界と繋がっていない空隙が存在することなどのため間隙をすべて水で満たすのは不可能である)は飽和状態となる．

最初にかさ密度(bulk density)と単位体積重量をとりあげる．両者は単位が異なるだけで，計測方法はまったく同じである．ここでは密度の計測を先に述べる．密度の値を換算して単位体積重量が得られる．

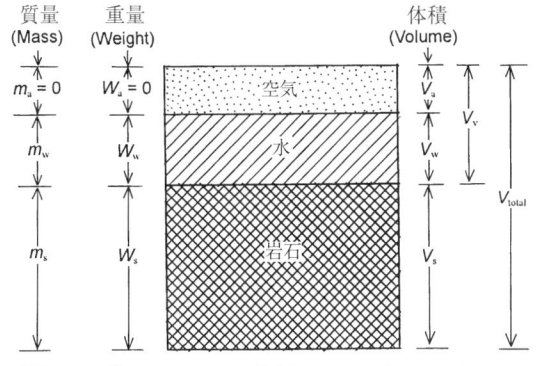

図 3-1 岩石における固体(岩石・土壌)部分，水の部分，空気の部分という三つの要素を示す図

密度には真密度とかさ密度がある．真密度は m_s/V_s で求められるが，実際には V_s を正確に計測することが難しいことから，この値を得ることは容易ではない(比重の計測参照)．一方，かさ密度は m/V_total で得られる．岩石試料の全体積 V_total (図 3-1 で $V_s+V_v+V_a$)を求める場合の一つの方法としては，円柱や角柱に試料を整形し，その断面積や高さをノギスで正確に測定するものがある．試料の岩石部分のみの質量 m_s は，110℃ のオーブンの中に 24 時間以上放置し乾燥させ，室内で冷却したのちに質量を計測することにより得られる．得られた m_s を全体積 V_total で割れば，乾燥かさ密度(dry bulk density：ρ_d)が得られる．

$$\rho_d = \frac{m_s}{V_\text{total}} = \frac{m_s}{V_a + V_w + V_s} \tag{3.1}$$

同様に，m_s+m_w を全体積で割れば湿潤かさ密度(wet bulk density：ρ_w)と飽和かさ密度(saturated bulk density：ρ_sat)が得られる．たとえば，m_w が自然含水比状態の値であれば湿潤かさ密度が得られ，m_w が飽和状態の値であれば飽和かさ密度となる．これらの値を重量を用いて換算すると，乾燥単位体積重量(dry unit weight：γ_d)，湿潤単位体積重量(wet unit weight：γ_w)，飽和単位体積重量(saturated unit weight：γ_sat)となる．

真比重(G_s)は，その定義から以下のように表される．

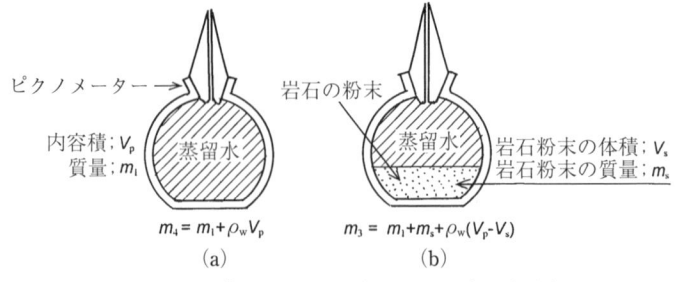

ピクノメーター → 岩石の粉末
内容積；V_p　蒸留水　　蒸留水　岩石粉末の体積；V_s
質量；m_1　　　　　　　　　　岩石粉末の質量；m_s

$m_4 = m_1 + \rho_w V_p$　　　$m_3 = m_1 + m_s + \rho_w(V_p - V_s)$
　　(a)　　　　　　　　　(b)

図 3-2　ピクノメーターを用いた比重の計測法

$$G_s = \frac{m_s}{V_s \rho_w} \tag{3.2}$$

ここで ρ_w は水の密度である．真比重の値を得るためには，ピクノメーター（比重びん）と呼ばれる一定の容積をもったガラス容器を用いる方法がしばしば行われる．この方法では，岩石試料は乳鉢などを用いて粉末にまで粉砕・すりつぶしたものが使われる（図 3-2）．真比重は次式で与えられる．

$$G_s = \frac{m_2 - m_1}{(m_4 - m_1) - (m_3 - m_2)} \tag{3.3}$$

ここで，m_1 は比重びんの質量，m_2 は，その比重びんに岩石試料（110℃で24時間乾燥したもの）を入れたときの質量（$m_1 + m_s$），m_3 は m_2 にさらに水を加え蒸留水で満たしたときの質量（図 3-2 の b），m_4 は比重びんに蒸留水のみを満たしたときの質量である（図 3-2 の a）．式(3.3)において，分子は試料そのものの質量を表し，分母のうち前の項は空のピクノメーターを満たした水の質量を表し，2項目は試料の入っているピクノメーターを満たしている水の質量を表している．したがって分母は"岩石試料が押しのけた水の質量"を表し，それはとりもなおさず"岩石試料の体積"を表している．

■ 間　隙　率

　岩石部分の体積に対する間隙の体積の比を間隙比（void ratio：e，無次元量）といい，岩石の全体の体積に対する間隙の体積の比を間隙率または空隙率（porosity：n，%）という．すなわち，

$$e = \frac{V_\mathrm{v}}{V_\mathrm{s}} \tag{3.4}$$

$$n = \frac{V_\mathrm{v}}{V_\mathrm{v}+V_\mathrm{s}} \times 100 = \frac{V_\mathrm{v}}{V_\mathrm{total}} \times 100 \tag{3.5}$$

となる．間隙率の分母は岩石全体の体積であるから，前述したように整形してノギスで計測すればよい．また，分子の V_v は間隙の体積であるから，以下のようにして求めることができる．岩石を数日間水に浸した後に濡れタオルで試料表面を軽く拭き，直ちに重量を計測する．その値から試料の乾燥重量を減ずることにより，岩石に侵入した（間隙を埋めた）水の重量が得られるので，それを水の体積に換算し，間隙の体積とすればよい．

しかし，この方法には若干の問題がある．それは，岩石の間隙は岩石外部と連結した間隙だけではなく，岩石内部に閉じたものもあることである．すなわち，このような岩石内部の閉じた間隙には外部からの水は侵入しえない．また，たとえ外部と繋がっている間隙であっても，それがごくごく微小な場合には，大気圧下ではそこに水が侵入しにくいと考えられる．そこで，このような方法で得られた間隙率は，真の間隙率とは区別して有効間隙率と呼ばれることがある．すなわち，上記の方法は，間隙率を求める簡便な一つの方法ではあるが，真の間隙率や間隙比を与えてはいないことに注意を要する．

■ 含水比と飽和度

岩石の含水比（water content または moisture content：w）は，岩石に含まれる水の重量 W_w の，岩石重量 W_s に対する比（%）で表される．

$$w = \frac{W_\mathrm{w}}{W_\mathrm{s}} \times 100 \tag{3.6}$$

また，飽和度（degree of saturation：S_r）は間隙の全体積に占める水の体積の割合で表される．

$$S_\mathrm{r} = \frac{V_\mathrm{w}}{V_\mathrm{v}} \times 100 \tag{3.7}$$

一般には岩石の含水比は以下のようにして計測される．① 計測対象の岩石

の一部を現場で剝ぎ取り(サンプリングし),すぐにその場で重量を計測するか,それができない場合は試料を密封し実験室に持ち帰って重量を計測する.② 炉乾燥の後に再度重量を計測し,①と②の重量の差が水分量となる.この水分量を岩石の乾燥重量で除することにより含水比が求まる.この方法は簡便ではあるが,以下のようないくつかの欠点ももっている.① この方法は,岩石が採取できないような条件では使えない.② いったん採取した岩石試料は採取前と同じ条件に戻せないため,含水比の時間的変化を知りたい,すなわち同一の場所で繰り返し含水比を計測したいというような場合にはこの方法は使えない.③ 野外では岩石表面と内部で含水比が異なることが多いが,この方法は含水比の平均値しか計測できない.

　このような問題を解決するためには非破壊で計測できることが望ましい.また岩石の風化の問題などを扱う場合は,岩石内部というより岩石表面近くの含水比変化のデータが有用である.このような条件を満たすものとして赤外線水分計による計測がある(Matsukura and Takahashi, 1999).この機器の原理は,水分に吸収されやすい近赤外光(吸収光)と水分の影響を受けにくい赤外光(参照光)を交互に試料表面に照射し,それらの反射光量の比を計算し吸光度とするものである.この吸光度と水分量のキャリブレーションから,岩石表面の含水比が求められる.

■ 間 隙 径 分 布

　前述した間隙率では,岩石中の間隙の総量が問題とされたが,実際の間隙には大小もあり形態も多様である.大きい間隙には水が入りやすいが,小さな間隙には入り難い.岩石と水の反応である化学的風化や,凍結破砕や塩類風化などの物理的風化を考える場合には,間隙の総量だけではなく間隙の大きさが重要な指標となる.

　たとえば,**図 3-3** は砂岩の**間隙径分布**(pore size distribution)を示している.横軸には間隙の径(100〜0.01 μm 以下という微小な間隙が計測されている),縦軸は間隙の体積(岩石1gあたりの間隙容量)が示されている.図から,青島砂岩では1μmから0.1μm相当の径をもつ間隙が多いことがわかる.

　このような岩石物質の間隙径の測定には,主に非濡性液体である水銀を用い

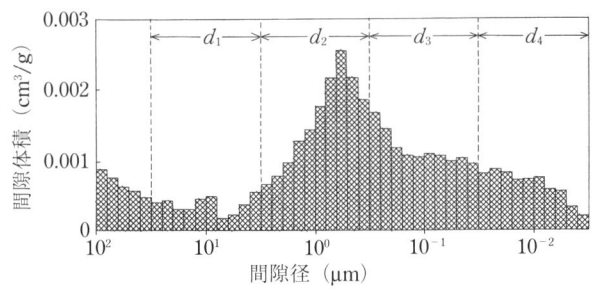

図 3-3 水銀圧入法で計測された青島砂岩の間隙径分布
（Matsukura, 2000）

た"水銀圧入法"が用いられる．その具体的な測定方法は以下のようである．絶乾状態の数個の小岩片(径数 mm)をセルと呼ばれる試料室に封入し，その内部を高真空状態に保ちつつセル内に水銀を満たし，その水銀に徐々に圧力を加える．低圧の場合には岩石試料内部の相対的に大きな空隙にしか水銀は侵入しないが，加える圧力を大きくすると小さな空隙に侵入する水銀の量が増加する．この水銀の圧入圧と圧入量との関係を測定し，その両者から間隙径と累加間隙容量とが算出される．詳しい測定法については田村・鈴木(1984)を参照．

3.2 土の物理的性質

3.1節の岩石物性と重複する部分もあるが，ここでは土の物理的性質(特に固体・気体・液体の三相構造)の把握について述べる．

■ 土の三相構造と各物理的指標

図 3-4 のaはある土の断面を示している．土粒子は互いに接触しあい，全体として土塊の骨格を形造っている．骨格には間隙があり，間隙は水か空気によって満たされている．これを土粒子と水と空気にまとめて示したのが図 3-4 のbである．

■ 土粒子の比重

水の密度に対する土粒子の密度の比が比重である．土粒子の比重の求め方は

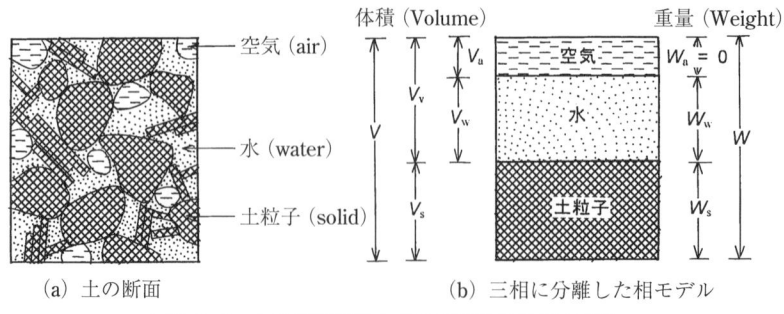

図 3-4 土の構成成分とその3要素のモデル表現

岩石のそれと同じピクノメーター法が一般的である．

■ 間隙比と間隙率

土の物理的性質の中で重要な量に**間隙比** e がある．この量は3.1節で定義したものと同じである．すなわち，

$$e = \frac{V_v}{V_s} = \frac{V - V_s}{V_s} = \frac{V}{V_s} - 1 \tag{3.8}$$

この値が大きいほど，土の間隙が全体に占める割合は大きい．多くの砂の e の値は，もっとも密な状態で0.5に近く，もっともゆるい状態で1前後の値を示すことが多い．粘土の間隙比の値は砂のそれよりも大きい．一般的には，土の間隙比は比重と乾燥密度を用いて，次式により計算で求められる．

$$e = \frac{G_s \gamma_w}{\gamma_d} - 1 \tag{3.9}$$

ここで，γ_w は水の単位体積重量($1\,\mathrm{gf/cm^3}$)である．また，間隙率と間隙比との間に以下のような関係がある．

$$n = \frac{e}{1+e} \times 100 \qquad e = \frac{n}{100-n} \tag{3.10}$$

すなわち，e が0.111のとき n は10%，e が0.429のとき n は30%，e が1のとき n は50%，e が2.333のとき n は70%，e が9.0のとき n は90%となる．

第3章 岩石と土の物理的・力学的性質　　49

■ 飽　和　度

間隙(水と空気)に占める水の割合を**飽和度** S_r と呼ぶ．すなわち

$$S_r = \frac{V_w}{V_v} \times 100 = \frac{V_w}{V - V_s} \times 100 \quad (\%) \tag{3.11}$$

図 3-5 の a に示したように，間隙がすべて水で飽和されていると $V_w = V_v$ で S_r は 100% となり，このような土は飽和土という．水と空気の両方を含む土は不飽和土(図 3-5 の b)と呼ばれる．

土の重量のうち空気重量は無視できるので，土の重量は水の重量 W_w と土粒子の重量 W_s とで構成される．そこで，岩石の場合と同じように，W_s に対する W_w の比をとり 100 を乗じて**含水比** w と定義する．

■ 単位体積重量

次章以下で詳述するが，斜面は斜面物質である土塊の自重によって崩壊する．すなわちマスムーブメントにおいて土の重量，すなわち**単位体積重量** γ の値がきわめて重要である．土の全重量は W_s と W_w の和であるから γ は次式で与えられる．

$$\gamma = \frac{W}{V} = \frac{W_s + W_w}{V} = \frac{G_s + eS_r/100}{1+e} \gamma_w = \frac{G_s(1+w/100)}{1+e} \gamma_w \tag{3.12}$$

ところで，降雨やその後の乾燥などで，土の水分状態は変化する．また地下水位の変動によって，飽和したり不飽和になったりする．水を含む(飽和度が

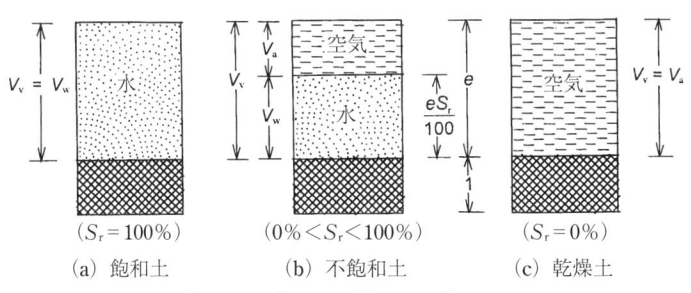

(a) 飽和土 ($S_r = 100\%$)　　(b) 不飽和土 ($0\% < S_r < 100\%$)　　(c) 乾燥土 ($S_r = 0\%$)

図 3-5　飽和度の異なる 3 種の土

上がる）と土は重くなるが，飽和状態に達すると γ の値はそのときの値以上にはならない．そのときの単位体積重量を特に**飽和単位体積重量**と呼び，γ_{sat} で表現する．γ_{sat} の値は式(3.12)の S_r を100とおいて求められる．

$$\gamma_{sat} = \frac{W_s + \gamma_w \cdot V_v}{V} = \frac{G_s + e}{1+e}\gamma_w \tag{3.13}$$

逆に土中の水分がすべて抜けると乾燥状態となり，γ の値は最小値となる．その値を乾燥単位体積重量と呼び，γ_d で表す．γ_d の値は式(3.12)の S_r を0とおいて求められる．

$$\gamma_d = \frac{W_s}{V} = \frac{G_s}{1+e}\gamma_w \tag{3.14}$$

土の単位体積重量を知る一般的な方法は，採土管(容積 100 ml，内径寸法が直径 5.0 cm，高さ 5.1 cm のステンレススチール製)を用いて採取した土を炉乾燥前と炉乾燥後に重量を計測し，それらの重量を容積で除して求めるものである．しかし野外では，土が硬かったり逆に軟弱すぎると，採土管による正確な 100 ml の容積の土を採取できないことがある．その場合にとられる方法は，水置換法あるいは砂置換法である(Appendix 3-1)．

■ 水中単位体積重量

地すべりや崩壊は，地下水面が上昇したときに発生することが多い．その場合は地下水面下の土の重量を知る必要が生じる．すなわち，飽和土が水中に没している状態である．このような場合の単位体積重量は水中単位体積重量といい，γ' で表現する．土粒子の全体は水による浮力 $\gamma_w V_s$ を上向きに受けるから，水中の土粒子重量はその分だけ軽くなる．したがって γ' は次式で定義される．

$$\gamma' = \frac{W_s - \gamma_w \cdot V_s}{V} \tag{3.15}$$

この γ' は γ_{sat} との間に $\gamma' = \gamma_{sat} - \gamma_w$ の関係にある．

3.3 土のコンシステンシー

■ 粘土の4態

図3-6に示すように、粘土質の土（粘性土）に水をたっぷり加えてよく練ると、液体状になってドロドロと流れる。次にその泥水の水分を蒸発させていくと、徐々にネバネバしてきて自在に形をつくれるようになる。子供が粘土細工遊びができたり、陶工がろくろを回しながら茶碗の形をつくれる状態である。このとき、粘性土は塑性を示すという。塑性とは力を加えて生じた変形がもとに戻らない性質である。さらにこの粘性土の水分を蒸発させていくと、やがて自在に形をつくろうとしてもボロボロになってそれが不可能になる。このときの土はなま乾きの状態にあって、その状態を半固体と呼ぶ。さらに乾燥させるとコチコチの固体となり、たたくと割れるようになる。

このように、粘性土はその含水状態の違いによって外力に対して示す抵抗力が異なっているが、この抵抗力のことを**コンシステンシー**（consistency）と呼ぶ。砂や粘土には粒子間に隙間があるので一般には粒子間に互いに引き合う力は働かないが、間隙に多少の水がある場合は、水の表面張力が働いて粒子どうしが見かけ上引っ張り合う力が作用する。また、粘土粒子の表面に電気的に吸着した吸着水層を介しての電気的引合いもある。しかし、乾いてしまうとこのような力は消失する。また、水が多すぎると土粒子は吸着水の外側の自由水の中に浮かんでいて、吸着水層どうしの接触がなくなる。

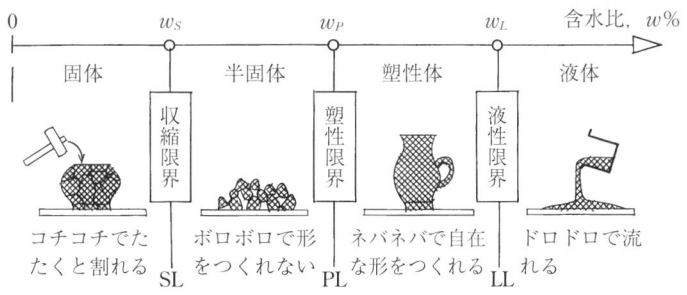

図3-6 含水比の違いによる粘土の4種の状態と液性限界（LL），塑性限界（PL），収縮限界（SL）との関係（今井，1983，図2.8）

■ コンシステンシー限界

粘性土のコンシステンシーに関する含水状態の影響を表す方法として，含水比を用いた指標が用いられる(図 3-6)．液体を示す下限の含水比を液性限界(liquid limit：w_L)，塑性を示す下限の含水比を塑性限界(plastic limit：w_P)，半固体と固体の境界含水比は収縮限界(shrinkage limit：w_S)となる．これらの値は**コンシステンシー限界**と呼ばれるが，発案者の名前をとってアッターベルグ限界(Atterberg limits)とも呼ばれる．

液性限界の値 w_L は図 3-7 の a に示した丸スプーン状の器を用いて決める．水を加えて十分に練った土をその中に入れ，図のように溝を切る．次にその器を 10 mm の高さから落下させて，その溝が底部で 15 mm の長さにわたって合流するまでの落下回数を求める．この試験を異なる含水比の土に対して繰り返し，落下回数 25 回に対応する含水比の値を求め，それを w_L の値とするのである．

塑性限界の値 w_P は図 3-7 の b のすりガラス上で土をころがして 3 mm 径のひもをつくる．できたらこねてまるめて，再度ひもをつくる．これを繰り返していくと土の水分が徐々に減少し，やがてあるときに突然ひもができなくなる(ひもがぶつぶつに切れてしまう)．このときの含水比の値を w_P とするので

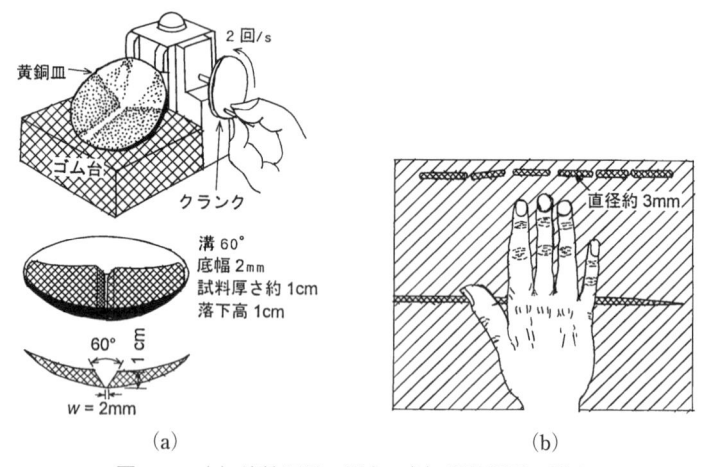

図 3-7 (a) 液性限界の測定，(b) 塑性限界の測定

ある．

■ 各種粘土鉱物のコンシステンシー限界

コンシステンシー限界値は図 3-8 に示すように，粘土鉱物によって異なる．図からモンモリロナイト（特に Na モンモリロナイト）が w_L および w_P の両者とも大きい．この理由は以下のように説明される．

一般に，粘土鉱物はその種類によって粒径が異なっている．たとえば，図 3-9 に示したように，カオリナイトは相対的に大きく厚い．一方モンモリロナイトは小さく薄いフィルム状の形状をもつ．イライトはカオリナイトとモンモリロナイトとの中間的な形状をもっている．これらの粒子の表面には，この図に示したようにそれぞれ吸着水が付いている．

ところで，単位質量あたりの物体がもつ全表面積を比表面積(specific surface area)といい，一般に m²/g の単位で表す．粘土粒子は上述したように微細な粒子であるため，それがもつ比表面積は莫大なものになる．たとえば，カ

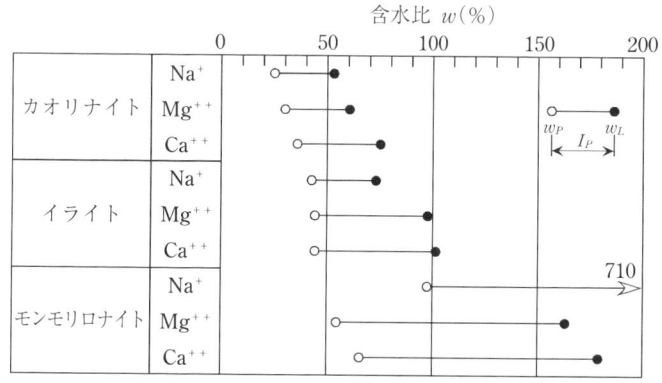

図 3-8 粘土鉱物のコンシステンシー限界（今井, 1983, 図 2.10）
（Na^+, Mg^{++}, Ca^{++} は吸着させたイオン）

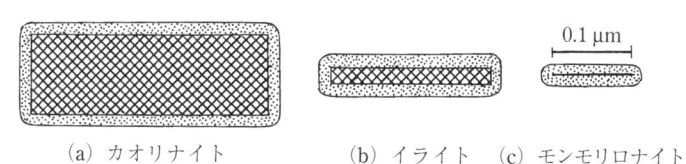

(a) カオリナイト　　(b) イライト　　(c) モンモリロナイト
(0.1×0.3 μm)　　(0.02×0.3 μm)　　(0.001×0.1 μm)

図 3-9 粘土鉱物の大きさと吸着水層の厚さ（今井, 1983, 図 2.11）

オリナイトでは $15\,\mathrm{m^2/g}$，ハロイサイトで $50\,\mathrm{m^2/g}$，イライトやクロライトで $80\,\mathrm{m^2/g}$，アロフェンで $300\sim500\,\mathrm{m^2/g}$，モンモリロナイトでは $800\,\mathrm{m^2/g}$ にも達する．なお，モンモリロナイトの値は層間の表面積を含めた完全分散状態での値であり（小さじ半分ほどの量で，テニスコート3面の広さという信じられないほどの表面積となる），実測値は $100\sim200\,\mathrm{m^2/g}$ 程度となることが多い．このような比表面積の測定には，BET 理論(1938年に Brunauer，Emmett，Teller らによって発表された多分子吸着理論)に基づく，窒素ガス吸着法などが用いられる．

このような粘土の表面に吸着水が付くので細粒な粘土ほど吸着水重量が増え，その分だけ全体の水重量が大きくなり，w_L や w_P の値が大きくなる．

■ 粘性土の塑性

自然に堆積した粘性土には，粘土粒子のほかにシルトや砂が含まれている．シルト分や砂分を多く含む土ほど液性限界の値が低くなる（粘土分が少なく，その吸着水が少ないので）．粘土分がほとんどない（砂質土の）場合には w_L 値と w_P 値が接近し，塑性を示す含水比の幅がきわめて狭い．逆に粘土分が多い土ほど w_L の値は大きく，塑性を示す含水比の幅が大きい．このような塑性の大小を表す指標として塑性指数(plasticity index)がある．塑性指数 I_P は液性限界値から塑性限界値を引いたものである．

$$I_P = w_L - w_P \tag{3.16}$$

I_P は指数として使うので％表示はしない．

演習問題 3-1 ある土の試料について液性限界試験を行ったところ，落下回数 39，31，21，14 回で規定されただけの溝が閉じた．このときの含水比がそれぞれ，25，28，34，40％ となった．また，塑性限界になった土の試料の質量を計測すると 18.86 g であった．これを炉乾燥すると，その質量は 15.38 g となった．この試料の液性限界，塑性限界を決定し，塑性指数を求めよ．

3.4 岩石の強度とその測定法

■ **岩石の圧縮強度**(一軸圧縮強度)

　岩石の圧縮強度(compressive strength：S_c)は一般的に一軸圧縮試験(uniaxial compression test)によって求められる．供試体(test specimen)あるいは試験片(test piece)の形状は，円柱，立方体，四角柱などが多い．たとえば，円柱の供試体では，直径が3～5 cmであればその約2倍の高さ(6～10 cm)をもった供試体を作製する．円柱に整形するのには，室内用ボーリングマシーン(boring machine)あるいはコアドリル(core drill)と呼ばれる機械を用いて岩塊から丸棒状のコアを抜き，両端面をダイヤモンドカッター(diamond cutter)で切断して大まかに成形したあとに，成形機かターンテーブルで仕上げる．

　図3-10に示すような圧縮試験機に供試体を置き，下部のシリンダーを油圧により徐々に押し上げることにより圧縮力をかけていく．そのとき供試体は徐々に縮む．図3-11は，試験時の圧縮応力-ひずみの関係を示したものである．岩石を弾性体と考えると，この応力-ひずみの関係はフックの法則と呼ばれる直線関係をとる(2.1節，図2-1のa参照)．この直線の傾きがヤング率(あるいは縦弾性係数)である．

　圧縮力を増加させると，あるところで岩石が破壊する．そのとき岩石の圧縮

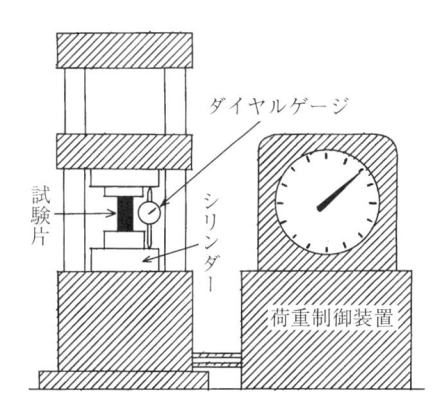

図3-10 圧縮試験機による一軸圧縮試験の様子

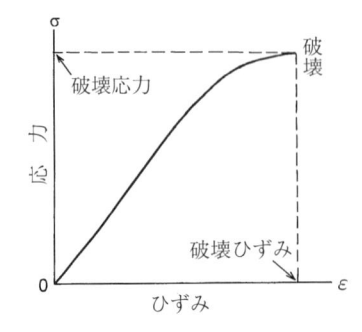

図 3-11 岩石を圧縮したときの応力-ひずみ線図

強度は次式で得られる．

$$S_c = \frac{P}{A} \tag{3.17}$$

ここで S_c は圧縮強度(一軸圧縮強度として q_u という記号が使われることもある)，P は破壊時の全荷重，A は供試体加圧面の断面積である．すなわち圧縮強度とは，破壊時の圧縮応力ということになり，次元も単位も応力と同じである(後述する引張強度，せん断強度も同様である)．

　圧縮強度に影響を与える要因には，以下のようなものがある．① 供試体の大きさ(寸法効果：供試体が大きくなるほど強度が小さくなることであり，3.6 節で詳述する)，② 供試体の形(形状効果：長さが直径の 2 倍ある円柱形の試験片がもっとも測定値のばらつきが少なくなることから，一般的な試験片の形状としては円柱形をとることが多い)，③ 供試体端面(とくに加圧面)の成形の良否(加圧板と試験片の接触面が平滑でないと，その凹凸部分の接触部分にのみ応力の集中が生じ，破壊がこの部分から発生することがある．このため，直径 3〜5 cm 程度の供試体に対しては端面の平行度として通常 ±5/100 mm 程度の精度の仕上げが要求される)，④ 荷重の加え方[一般に加重速度を大きくすると圧縮強度が大きくなることが知られている．ただし岩石の場合 1〜10 kgf/cm²/s (98〜980 kPa/s) の範囲であればその影響は無視できることが知られている]，⑤ 供試体中の水分量(岩石によっては湿潤条件では強度が格段に低下するものがある)，⑥ 供試体の異方性の影響(64 ページおよび Appendix 3-2 参照)．

野外において岩石試料が採取できないような場合には，シュミットハンマーの反発値を計測し，その値（R値）から一軸圧縮強度を推定する．R値と一軸圧縮強度との関係は図 **3-12** に示される．シュミットハンマーの使用法や使用例については松倉・青木(2004)に詳しい．

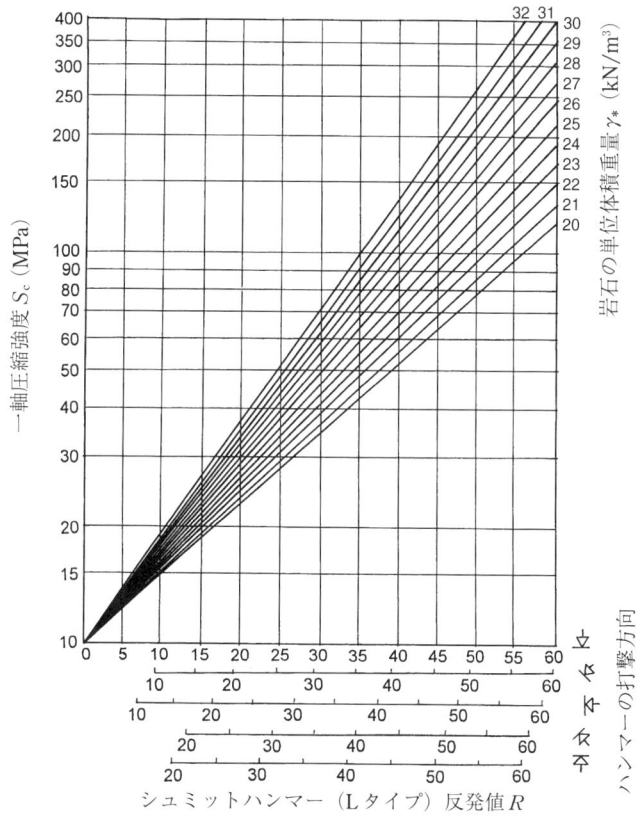

図 3-12 シュミットハンマー（Lタイプ）反発値から一軸圧縮強度を推定するためのグラフ（Hoek and Bray, 1981, Figure 37）

この図の特徴は，シュミットハンマーの打撃の方向と打撃面との関係によって横軸を選ぶようになっていることと，岩石の単位体積重量をパラメータにして描かれていることである．すなわち，打撃の方向と岩石の単位体積重量のデータを加えることにより，より精度の高い圧縮強度が求まることになる

■ 岩石の引張強度

金属などの引張強度(tensile strength：S_t)は一般的に一軸引張試験(uniaxial tension test)によって求められる．引張強度 S_t は次式で求められる．

$$S_t = \frac{P}{A} \tag{3.18}$$

ここで，P は破壊荷重，A は供試体加圧面の断面積である．

ただし，この簡単な試験が岩石の場合は難しい．供試体の端をチャックでつかみ上下に引っ張って試験をすると，チャックの部分から破壊したりして，信頼度の欠ける結果が多いからである．そこで，図 3-13 の a に示すような円柱状供試体(直径と長さがほぼ等しい大きさをもつ)を横にして，上下から圧縮する試験を行う．この場合，供試体の中心より両側に向って分離しようと引張力が働くと考えるのである．この試験は圧裂引張試験(radial compression test または Brazilian test)と呼ばれている．この試験で得られる引張強度 S_t は次式で与えられる．

$$S_t = \frac{2P}{\pi d l} \tag{3.19}$$

ここで，P は破壊時の荷重，d と l は供試体のそれぞれ直径と長さである．

ところで，強度試験用の供試体の作製には，コアドリルや岩石カッターが使用されることは前述した．これらのマシーンはダイヤモンドの付いた刃を高速で回転させて岩石を切る構造になっている．そのとき刃が熱をもつことになる

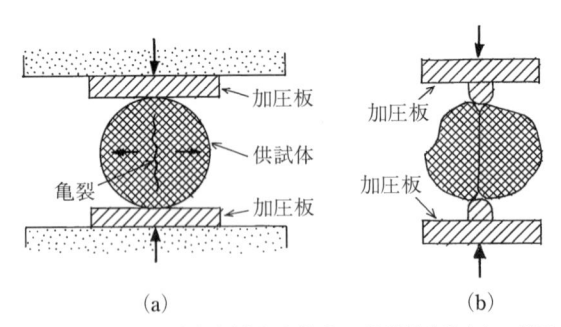

図 3-13 圧裂引張試験(a)と点載荷圧裂引張試験(b)の様子

が，それを冷やすために水をかける．ところが岩石の中には水を含んで膨張したり破壊（スレーキング）したりするものがある．このような岩石においては，この方法では供試体を作製できないことになる．そこで，以下のように整形しなくてもいい（非整形試料での）試験が考えられている．

　この試験は点載荷圧裂引張試験と呼ばれている．平松ほか（1954）は図 3-13 の b に示すように，直径 7.5 mm の半球形突起の間に非整形試験片を挟んで圧縮試験を行い，上記の圧裂引張試験と同様の考え方によって，以下の式で引張強度が求まることを示した．

$$S_t \fallingdotseq 0.9P/d^2 \tag{3.20}$$

ここで，P は破壊荷重，d は載荷点の間隔（半球形の突起の先端と先端との距離）である．

　この試験は，整形した試験片を多数用意しにくい段丘礫の強度を知りたいなどという場合に有効である．この機器は野外に持ち運びが可能な大きさ（重量）なので，直接野外で計測するケースもある．

■ 岩石の脆性度

　岩石の"もろさ"の指標としては，圧縮強度 S_c と引張強度 S_t の比

$$B_r = \frac{S_c}{S_t} \tag{3.21}$$

が使われる．これを脆性度（brittleness index）という．**図 3-14** によれば，岩石の脆性度は 5～25 の範囲にばらついているが，一般的には岩石の脆性度は 10 前後のことが多く，このことから，岩石の強度試験として圧縮強度か引張強度を計測し，他方を脆性度 10 として概算することもある．

■ 岩石のせん断強度 S_s の求め方

　岩石のせん断強度（shear strength）を直接の試験で求める方法としては，一面せん断試験，二面せん断試験，三軸圧縮試験等があるが，いずれも特別な実験装置と多くの労力を必要とするので，実際に行うのは大変である．そこで以下のように，圧縮強度と引張強度を計測して，それらからせん断強度を計算で

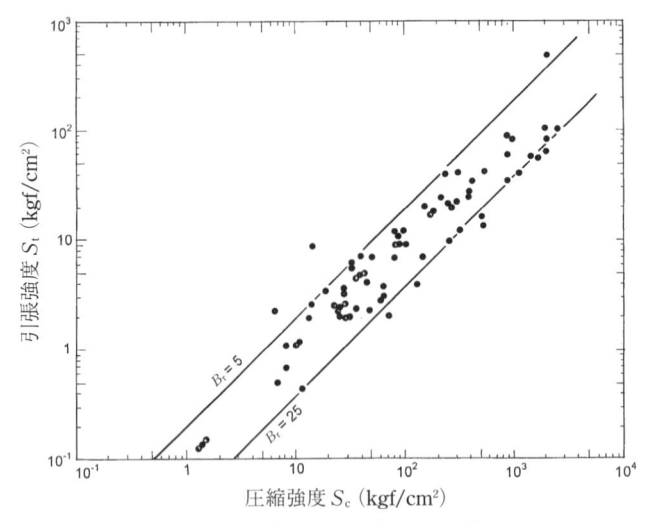

図 3-14 岩石の圧縮強度と引張強度との関係（図中のラインは脆性度 B_r が 5 と 25 を示す）（Sunamura, 1992, Figure 4.6）

求めることが多い．

図 3-15 の a において，小円 T は一軸引張試験の破壊応力円とする．大円 C は一軸圧縮試験の破壊応力円である．円 T も円 C もモールの応力円として破壊包絡線に接するはずである．そこで，両円の共通接線（図中の直線）としての破壊包絡線を描き，これが縦軸である τ 軸を切る点の座標をせん断強度 S_s とすることができる．簡単な幾何学的計算により，せん断強度 S_s は以下のように求められる．

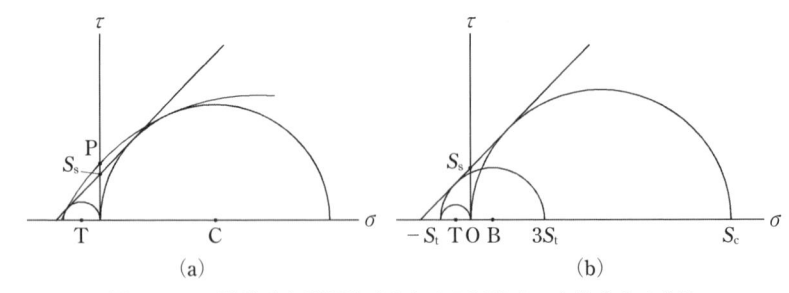

図 3-15 圧縮強度と引張強度からせん断強度 S_s を推定する方法

$$S_\mathrm{s} = \frac{1}{2}\sqrt{S_\mathrm{c} \cdot S_\mathrm{t}} \tag{3.22}$$

しかし一般に岩石の破壊応力円の包絡線は，同図に示すように上に凸な曲線であることが多いので，その τ 軸との交点 P は点 S_s より上方にある．したがってこの式で求めたせん断強度は，真のせん断強度よりも低い値を与えると考えられる．そこで，前述した圧裂引張試験を考慮して，よりよい近似値を与える計算式が提案されている．これは，図 3-15 の b に示すように，圧裂引張試験で破壊するときの円板形試験片の中心の応力状態を表す応力円 B と，一軸圧縮試験の破壊応力円 C との共通接線が τ 軸を切る点をせん断強度 S_s とするもので，それは次式で与えられる．

$$S_\mathrm{s} = \frac{S_\mathrm{c} \cdot S_\mathrm{t}}{2\sqrt{S_\mathrm{t}(S_\mathrm{c} - 3S_\mathrm{t})}} \tag{3.23}$$

> **演習問題 3-2** 岩石のせん断強度が，式(3.22)で表されることを証明せよ．
>
> ヒント：圧縮強度は一軸圧縮強度，引張強度は一軸引張強度として，モールの応力円を描く．せん断強度は図 3-15 の a に示すように，垂直応力 σ がゼロのときのせん断応力 τ に相当すると考える．

3.5 各種岩石の強度特性値

以上のようにして計測された岩石の強度やヤング率などの物性値をまとめたのが表 3-1，表 3-2，表 3-3 である．岩石強度の計測値はばらつくことが多い．そこである岩石の強度を求めるためにはいくつかの試料で計測をし，その平均値をとることが多い．試料を数多く作製し，試験数を多く行うほどデータの信頼性は上がるが，実際には野外から岩石試料を持ち帰ることを考えると，それほど多くの試料が作製できない場合もある．いくつの試料を試験すべきかについては難しい問題であるが，ここでは CANMET (Canada Center for Mineral and Energy Technology) と ISRM (International Society for Rock

表 3-1　いくつかの火成岩，変成岩の岩石物性 (Bell, 1992, Table 11.1)

	比重	一軸圧縮強度 (MN/m^2)	点載荷引張強度 (MN/m^2)	ショア硬度	シュミットハンマー反発値	ヤング率 (GN/m^2)
Mount Sorrel 花崗岩	2.68	176.4	11.3	77	54	60.6
Eskdale 花崗岩	2.65	198.3	12.0	80	50	56.6
Dalbeattie 花崗岩	2.67	147.8	10.3	74	69	41.1
マークフィールド岩 (半深成岩花崗岩)	2.68	185.2	11.3	78	66	56.2
グラノファイアー (酸性半深成岩)	2.65	204.7	14.0	85	52	84.3
安山岩 (Somerset)	2.79	204.3	14.8	82	67	77.0
玄武岩 (Derbyshire)	2.91	321.0	16.9	86	61	93.6
粘板岩* (North Wales)	2.67	96.4	7.9	41	42	31.2
粘板岩** (North Wales)	—	72.3	4.2	—	—	—
片岩* (Aberdeenshire)	2.66	82.7	7.2	47	31	35.5
片岩** (Aberdeenshire)	—	71.9	5.7	—	—	—
片麻岩	2.66	162.0	12.7	68	49	46.0
ホルンフェルス (Cumbria)	2.68	303.1	20.8	79	61	109.3

* 劈開や片理に直交する方向に載荷．　** 劈開や片理に平行な方向に載荷．

表 3-2　いくつかの砂質堆積岩(砂岩)の岩石物性 (Bell, 1992, Table 11.2)

	Fell 砂岩 (Rothbury)	Chatsworth グリット (Stanton in the Peak)	Sherwood 砂岩 (Edwinstowe)	コイパー Waterstone (Edwinstowe)	グレイワッケ (Helwith Bridge)	Bronllwyn グリット (Llanberis)
比重	2.69	2.69	2.68	2.73	2.70	2.71
乾燥密度 (Mg/m^3)	2.25	2.11	1.87	2.26	2.62	2.63
間隙率	9.8	14.6	25.7	10.1	2.9	1.8
一軸圧縮強度(乾燥) (MN/m^2)	74.1	39.2	11.6	42	194.8	197.5
一軸圧縮強度(飽和) (MN/m^2)	52.8	24.3	4.8	28.6	179.6	190.7
点載荷引張強度 (MN/m^2)	4.4	2.2	0.7	2.3	10.1	7.4
ショア硬度	42	34	18	28	67	88
シュミットハンマー反発値	37	28	10	21	62	54
ヤング率 (GN/m^2)	32.7	25.8	6.4	21.3	67.4	51.1
透水係数 ($\times 10^{-9}$ m/s)	1,740	1,960	3,500	22.4	—	—

表 3-3 いくつかの炭酸塩岩(石灰岩)の岩石物性(Bell, 1992, Table 11.6)

	石炭紀石灰岩 (Buxton)	苦灰質石灰岩 (Anston)	アンカスター石 (Ancaster)	バース石 (Corsham)	チョーク中部層 (Hillington)	チョーク上部層 (Northfleet)
比重	2.71	2.83	3.70	2.71	2.70	2.69
乾燥密度(Mg/m^3)	2.58	2.51	2.27	2.30	2.16	1.49
間隙率	2.9	10.4	14.1	15.3	19.8	41.7
一軸圧縮強度(乾燥) (MN/m^2)	106.2	54.6	28.4	15.6	27.2	5.5
一軸圧縮強度(飽和) (MN/m^2)	83.9	36.6	16.8	9.3	12.3	1.7
点載荷引張強度 (MN/m^2)	3.5	2.7	1.9	0.9	0.4	—
ショア硬度	53	43	38	23	17	6
シュミットハンマー反発値	51	35	30	15	20	9
ヤング率(GN/m^2)	66.9	41.3	19.5	16.1	30	4.4
透水係数($\times 10^{-9} m/s$)	0.3	40.9	125.4	160.5	1.4	13.9

表 3-4 岩石物性計測のための供試体(試験)数

	試験数 (CANMET)	試験数 (ISRM)
一軸圧縮強度	3	少なくとも5個
引張強度(圧裂引張試験)	10	少なくとも5個
点載荷圧裂引張強度	10	少なくとも10個(最大・最小値は棄却)
三軸圧縮強度	3	少なくとも5個
弾性率(ヤング率)とポアソン比	3	—
弾性波伝播速度	3	—
ショア硬度	—	多数
含水比	5	—
間隙率/密度	5	少なくとも3個
膨潤圧と膨潤ひずみ	5	—
スレーキング耐久性	10	—

Mechanics)によって推奨されている試験数を紹介しておく(**表 3-4**).これらのスタンダードにおいても,最少の試験数の共通理解はできていないように思われる.これらの数値は,一応の目安と理解すべきであろう.

■ 火成岩と変成岩の強度特性

表 3-1 にはいくつかの火成岩と変成岩の値が整理されている．玄武岩とホルンフェルスの一軸圧縮強度が $300\,\mathrm{MN/m^2}$ を超えており，これらの岩石は圧裂引張強度，シュミットハンマー反発値，ヤング率のいずれも大きい値をとっている．一方，粘板岩や片岩の一軸圧縮強度は $100\,\mathrm{MN/m^2}$ 以下であり，他の物性値も小さくなっている．このように，各物性値には関連性がある．

表の上から 3 個が花崗岩のデータである．同じ花崗岩でも鉱物粒径や鉱物組成，間隙率などに若干の差異があり，そのことを反映し，力学的性質にも差異がある．

ところで粘板岩と片岩のデータは，圧縮・引張試験において劈開や片理に対して垂直に載荷した場合と，劈開や片理に対して平行に載荷した場合の両方の結果が示されており，いずれも前者の場合に強度が大きくなっている．このように，載荷方向で強度が異なる岩石は "強度異方性(strength anisotropy)" をもつという(Appendix 3-2)．

■ 堆積岩(砂岩・石灰岩など)の強度特性

表 3-2 は，いくつかの砂質岩(主に砂岩)の物性がまとめられている．同じ砂質岩であっても，間隙率が 1.8% と小さいものもあれば 25.7% と大きいものもある．間隙率が小さいと強度が大きく，しかも乾燥状態と湿潤状態での強度差は小さい．一方，間隙率が大きい岩石は強度が小さく，湿潤試料の強度低下(乾燥時に比較しての)が大きい．間隙率が大きいと透水係数も大きくなり水を通しやすくなる．

同様に，表 3-3 には，いくつかの炭酸塩岩(主に石灰岩)の諸物性がまとめられている．石灰岩の間隙率は 2.9〜15.3% であるが，チョークでは 20〜40% と大きい．湿潤状態での強度低下も顕著である．石灰岩の場合は間隙率が大きいほど透水性もよくなるが，チョークは間隙率が大きいにもかかわらず，透水係数はそれほど大きくない．

3.6 岩盤の強度(マスとしての岩石強度)：強度の寸法効果

これまで述べてきた供試体オーダー(すなわちインタクトロック，intact rock)の岩石物性に対して，それよりスケールの大きい"岩盤"の物性はかなり異なっている．なぜなら岩盤は岩石の集合体であり，岩石のところで述べた節理や層理面などの地質的分離面に加えて，多様な不連続面(割れ目)をもつからである．その割れ目によって，岩盤強度は岩石強度に比較してかなり小さいものになる．このような現象は寸法効果(size effect)と呼ばれる．一般的には供試体を大きくするほど，そのような微小な割れ目から肉眼で観察できる大きな割れ目までが取り込まれる確率が大きくなることから，強度が低下することになる．図 3-16 はその寸法効果の一例を示したものであり，圧縮強度 S_c と試験片の稜の長さ a との間に

$$S_c = a^{-\beta} \tag{3.24}$$

の関係が得られている．ここで，β は定数であり，多くの場合 0.17〜0.32 の値をとる．

■ 節理と亀裂

岩体内部の割れ目は節理(joint)と呼ばれる．節理には多様なものが存在する．たとえば花崗岩では，木曽川沿いの寝覚ノ床でみられるような方状節理

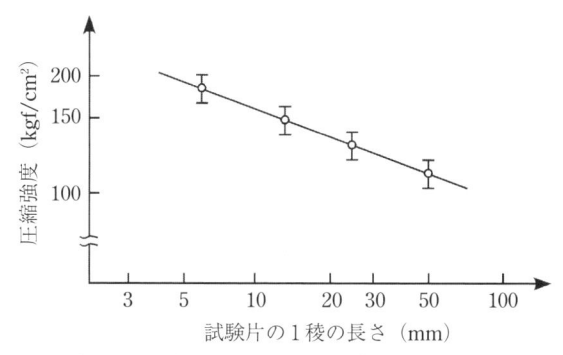

図 3-16 石炭の圧縮強度における寸法効果(山口・西松，1991，図4.5)

(cubic joint)が入りやすい．またドーム地形や氷河で削られたU字谷の解氷後の谷壁には，地形面と平行なシーティングジョイント(sheeting joint)がよく発達する．流紋岩などの熔岩円頂丘には，地表面に平行な節理とそれと直交する節理がきわめて密に存在する．また，熔結凝灰岩や玄武岩には柱状節理(columnar joint)が発達する．これらの節理はいずれも岩石の冷却・固化の過程や応力解放などの結果として形成されたものである．これ以外にも，変動地形でもたらされる断層による節理や広域応力場によってもたらされる共役の節理系なども存在する．このような節理は雨水の通り道になることから，風化やマスムーブメントに大きな影響を与えることになる．

節理より小さなスケールのものは亀裂(crack)と呼ばれる．亀裂にも岩体オーダーから岩石・鉱物オーダーまで種々のものがあるが，ここではマスムーブメントに関係した亀裂について述べる．海食崖などにおいては，しばしば垂直に近いあるいはオーバーハングしたような切り立った崖が存在する．このような崖では，崖の上に崖の縁と平行な亀裂がしばしば観察される．このような亀裂は，崖が前倒しになろうとすることによって崖の上部に引張の力が働き，その結果形成される引張亀裂(tension crack)である．この亀裂は崖の崩落に大きな影響を与える．

■ RMS (Rock Mass Strength)

地形学においても岩盤強度の指標が提案されている．その一つがSelby(1980)によるRMS(岩盤強度)示数である．この指標は，表 3-5 に示されるように，岩石の強度(シュミットハンマーの R 値)，風化程度，節理の幅や長さ(連続性)や方向，節理間の間隔，地下水の流出の程度の七つの性質をもとにしている．これらの特性はそれぞれ5段階にランク付けされることにより，合計35のマトリックスができあがる．その35個のマトリックスに個々のポイントが与えられる．たとえば R 値についてみると，ランク1には最高の20ポイントが割り振られ，ランク5には5ポイントが割り当てられている．ランク1はそれぞれの性質の中での最高点が与えられているが，節理間の間隔のように30ポイントが与えられるものもあれば，地下水の流出の指標のように，最高点で6ポイントのものもある．このような評価法を用いれば，ある場所のある

表 3-5 Selbyによる地形に関係する岩盤(岩塊)強度の分類と評価

変 数	1 非常に強い	2 強 い	3 普 通	4 弱 い	5 非常に弱い
岩石(無傷)強度* (評価値:r)	100–60 r:20	60–50 r:18	50–40 r:14	40–35 r:10	35–10 r:5
風化状態	未風化 r:10	弱風化 r:9	中風化 r:7	強風化 r:5	完全風化 r:3
節理間隔	>3 m r:30	3–1 m r:28	1–0.3 m r:21	300–50 mm r:15	<50 mm r:8
節理方向	非常に良好.斜面に対して急角度で入り,横断節理が組み合う r:20	良好.ある程度の角度で斜面に入る r:18	普通.水平あるいは垂直(硬岩のみ)に近い角度 r:14	悪い.ある程度の角度で斜面から出る r:9	非常に悪い.急角度で斜面から出る r:5
節理幅	<0.1 mm r:7	0.1–1 mm r:6	1–5 mm r:5	5–20 mm r:4	>20 mm r:2
節理の連続性	連続なし r:7	多少の連続 r:6	連続,充填物なし r:5	連続,薄い充填物 r:4	連続,厚い充填物 r:1
地下水の流出	なし r:6	痕跡程度 r:5	多少 <25 $l\,\mathrm{min}^{-1}10\mathrm{m}^{-2}$ r:4	中程度 25–125 $l\,\mathrm{min}^{-1}10\mathrm{m}^{-2}$ r:3	多い >125 $l\,\mathrm{min}^{-1}10\mathrm{m}^{-2}$ r:1
総合評価 (Σr)	100–91	90–71	70–51	50–26	<26

*Nタイプのシュミットハンマーテストで得られた修正 R 値による. "controlled, spring-loaded mass, impacted on a rock surface" (Selby, 1980, p. 34)の反発値を含む. (Selby, 1980, table 6)

岩盤の強度が,それぞれの評価点を積算することによって得られることになる.評価点の総計の最小値は25であり最大値は100となる.

Selby(1982)は,構造的な制約(たとえば斜面の表面に平行に配列するような層理やジョイント面)が強くなかったり,あるいは削剝作用(たとえば流水の下刻)が活発でないような場合には,岩石露出斜面の勾配とRMS指標との間には強い関係があることを主張し,そのような斜面を"強度平衡斜面(strength-equilibrium slope)"と呼んだ.その後,より多くの岩盤斜面の勾配とRMS示数とのデータをもとに,強度平衡斜面の包絡線はAbrahams and

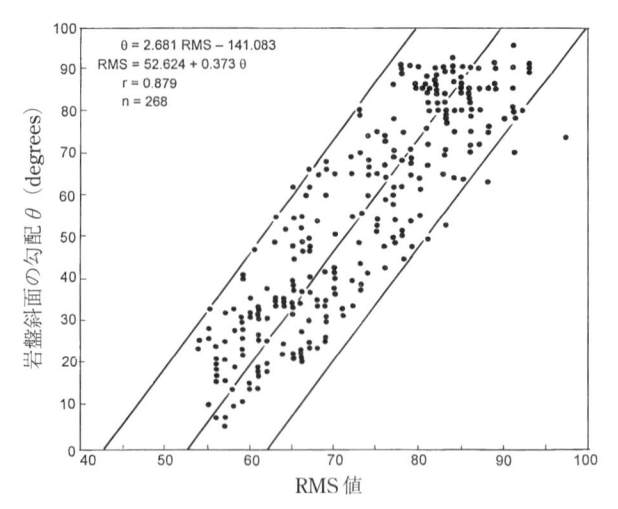

図 3-17 RMS(岩盤強度)示数と岩盤斜面勾配との関係
（Abraham and Parsons, 1987）

Parsons(1987)によって再評価された(図 3-17).

確かにこの図によれば，岩盤強度と斜面勾配とが高い相関で関係があることがわかり，この示数の有効性は認められる．しかし，この示数は，完全に定量化されたものではない(たとえば，風化のランク付けは主観的判断に頼らざるを得ない)ことや，それぞれの特性へのポイントの与え方に対する根拠が希薄である，などの弱点をもっている．さらに，両者の関係は一種の見かけの関係であり，その岩盤斜面で生起しているプロセスについてはまったく考慮されていないという問題がある．

■ 岩盤強度の推定法：弾性波速度を用いる方法

岩盤の強度測定には原位置せん断試験やジャッキ試験などの大がかりな試験が必要であり，実用的ではない．そこで"亀裂係数"を導入することによって岩盤強度を推定する方法がある．

岩盤内に亀裂があると岩盤を伝搬する弾性波の速度が減少する．そこで，岩盤内の弾性波伝播速度 V_f と，その岩盤から採取した亀裂を含まないインタクトな岩石(intact rock)試料について測定した弾性波伝播速度 V_L を用いて(図

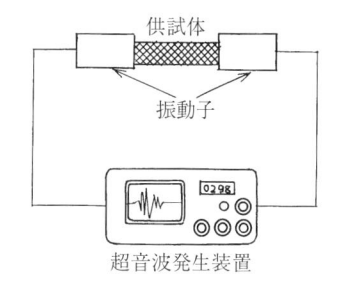

図 3-18 弾性波伝播速度の測定装置
振動子にはP波用とS波用があり，それらを使い分けることにより，それぞれの波の伝搬速度が得られる

3-18)，岩盤内の亀裂の状態(程度)を把握する試みがなされている．この場合の亀裂係数は以下のように表される．

$$K = \left(\frac{V_f}{V_L}\right)^2 \qquad (3.25)$$

この亀裂係数をインタクトな岩石の強度に乗ずることにより，岩盤強度を見積もることが可能となる．たとえば，池田(1979)は亀裂のある岩盤強度の圧縮強度を，以下のように定義した．

$$S_c^* = K \cdot S_c \qquad (3.26)$$

ここで，S_c^*とS_cはそれぞれ亀裂をもつ岩盤とインタクトな岩石の圧縮強度である．一方，Suzuki(1982)は式(3.25)の亀裂係数を単純化し，以下のような岩盤強度推定式を提案をしている．

$$S_c^* = \left(\frac{V_f}{V_L}\right) S_c \qquad (3.27)$$

この式は彼の河川の側刻速度の研究において，岩盤河床の強度(側刻に対する抵抗力)を表すために考えられたものであり，地形学において，岩盤強度に与える亀裂の効果を定量化した最初のものであり，その後，岩石海岸の侵食の問題(Tsujimoto, 1987)などでも使われている．

3.7 土の強度およびその測定法

■ 土の圧縮強度および土の硬度

　土の圧縮強度は，岩石の場合と同じように円筒形の供試体をソイルナイフで整形作製し，一軸圧縮試験機で計測する．土の圧縮強度は岩石に比較してかなり小さいので，試験機も小型のものですむ．

　野外において，土（あるいは土層）の強度を簡便に推定するために，**山中式土壌硬度計**がよく使われる．もともとは土壌調査用に開発されたものであるが，火山灰土，マサ土，シラス，レス（黄土）などの硬さを調べるのに適している．土壌硬度計の構造は図 3-19 に示すように，高さ 4 cm，底部の径が 1.8 cm，頂部角度が 25°20′ の圧入部（円錐部）とばねから構成されている．円錐部を土層（土壌）断面に垂直に静かに押し込む．"つば"が土層断面に密接するまで確実に押し込む．円錐部の圧入に対する土の抵抗は遊動指標によってばねの縮み（0～40 mm）として目盛に表れる．この指標 x(mm) は次式によって硬度 P (kgf/cm^2) に換算できる．

$$P = \frac{100x}{0.795 \times (40-x)^2} \tag{3.28}$$

　一般的に土壌学分野では同一層位に対して 3 回の計測を行い，その平均値をとることがすすめられているが，筆者らの研究室では 10 回の計測を行い平均値をとることにしている．

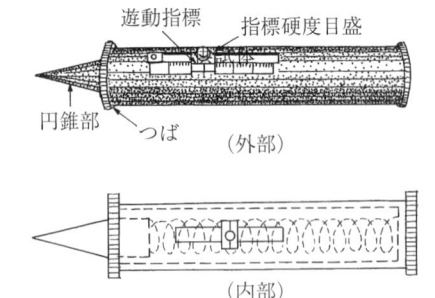

図 3-19　山中式土壌硬度計とその構造

■ 土のせん断強度

1.3節および3.4節でも触れたが，クーロンというフランスの学者が，物体がせん断破壊をするときの応力状態について考察し，破壊時に破壊面上に働く垂直応力 σ の大きさとせん断応力 (τ) の大きさの間に次式 (クーロンの式) がなりたつことを示した．

$$\tau = c + \sigma \tan\phi \qquad (3.29)$$

ここに，c と ϕ は物体ごとに定まった定数 (せん断強度定数) であり，それぞれ粘着力とせん断抵抗角と呼ばれる．τ は物体がせん断に対して抵抗しえた限界の最大せん断応力の値であるから，これがせん断面で発揮されたせん断強度に等しい．すなわち上の式は，破壊面で発揮される τ の大きさが，破壊時に働く垂直応力 σ の大きさによって変わることを示している．

金属などでは $\phi=0$ となることが知られており，この場合に式(3.29)は $\tau=c$ となる．すなわち金属のせん断強度は，垂直応力の大小にかかわらず，その金属に固有な大きさをもつ．コンクリートは $\sigma=0$ でも強度を発揮するから，ある大きさの c を有するが，この大きさはセメントの結合力から生まれる．すなわち c はその物質を構成する粒子を互いに結合している力に由来する強度定数である．したがって粒子どうしの結合力を有しない乾燥した砂では c の値を持ち得ないか，あったとしてもきわめて小さい．このような砂のような物質の強度は，砂どうしの摩擦によって生じる．したがって ϕ を同一物体の中で生じるすべりに対する摩擦角と考え，内部摩擦角ということがある．

石英砂の ϕ は $26 \sim 30°$ であり，多くの粘土の ϕ は $13°$ に近い．しかしこのような値から土の ϕ を直接推定はできない．それよりも粒径や間隙比などの影響が大きいからである．

■ 土のせん断強度定数の求め方Ⅰ：一面せん断試験

地すべりや山崩れ等は"せん断破壊"現象であるので，土の強度のうちで実用上もっとも問題になるのは，やはりせん断強度である．従来から土質力学 (地盤工学) の分野で，土のせん断強度を求めるための試験方法がいろいろ工夫

されてきた．その計測法としては一面せん断試験，三軸圧縮試験，ベーンせん断試験，リングせん断試験などがある．

一面せん断試験は，ある定まった面でせん断破壊を発生させることから直接せん断試験とも呼ばれる．図 3-20 は一面せん断試験機の構造を示したものである．試験は，上下二つに割れるせん断箱の中に供試体を入れ，垂直荷重を加えたまま上下いずれかの箱を移動させ，上下の箱の境界面において土をせん断し，そのときのせん断応力(抵抗)を測定するものである．垂直荷重を一定に保ち，せん断力をしだいに増加させると初めのうちはせん断抵抗は増加していくが，最終的には供試体は破壊する．この関係を図示すると，図 3-21 のような"せん断応力-水平変位曲線"および"垂直変位-水平変位曲線"が得られる．せん断応力はせん断力をせん断面の断面積で除したものである．せん断応力の

(a) 一面せん断試験装置　　　　　(b) せん断箱の断面

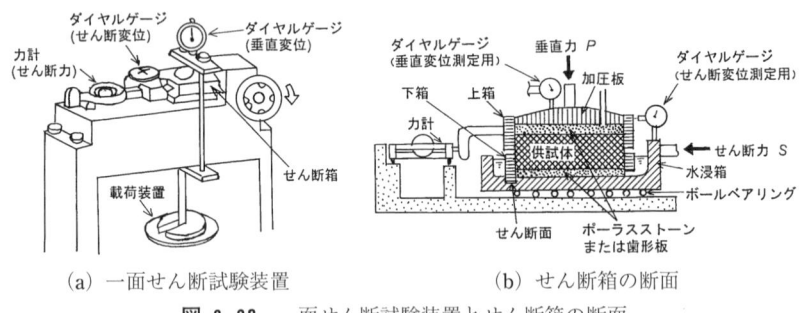

図 3-20　一面せん断試験装置とせん断箱の断面

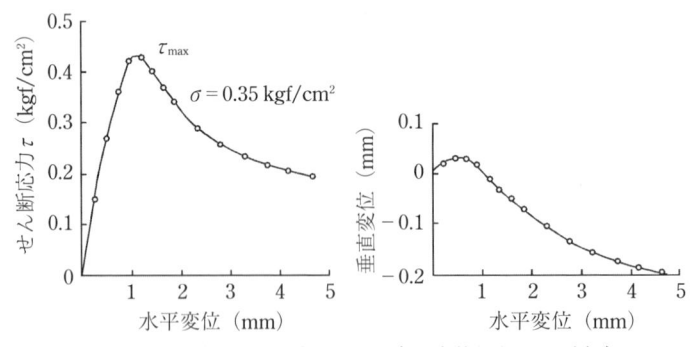

図 3-21　一面せん断試験における水平変位量とせん断応力，垂直変位量との関係

最大値 τ_{max}(破壊点)がせん断強度ということになる．破壊点を超えてせん断変形が進行すると，せん断抵抗は減少する．せん断変形がある程度進むとせん断抵抗は変わらなくなる．ここでのせん断抵抗を残留強度(residual strength)と呼ぶ．これに対して破壊点の強度をピーク強度(peak strength)と呼ぶことがある(132 ページの図 5-11 参照)．

垂直荷重(供試体の断面積で除したものが垂直応力 σ となる)を数回(少なくとも 3 回以上)変えて試験を繰り返し，図 3-22 のような σ-τ 曲線を描き，c と ϕ を求める．ピーク強度の強度定数を c_p，ϕ_p，残留強度のそれを c_r，ϕ_r と表す(132 ページの図 5-12 参照)．

地すべりはせん断破壊後の強度(残留強度)が重要なケースが多い．そこでせん断変位をかなり大きくとるために，せん断変位させたせん断箱をもとに戻してせん断を繰り返す"繰返し一面せん断試験"が行われることがある．また同様の考えから，ドーナツ形をした上下のせん断箱に供試体を入れ，上下どちらかのせん断箱を回転させながらせん断する"リングせん断試験"という方法もある．

後述するように，土の構造(詰まり方，すなわち間隙比)によって土のせん断強度は大きく影響される．したがって，供試体はできるだけ野外の状態が保持されているのがよい．そこで一面せん断試験用の供試体は対象土層を水平に切り出し，そこにせん断箱と同じ直径(通常は 6 cm)をもつ採土リングを押し込むことによって不攪乱の試料を採取する．しかし，特に砂質土の場合は乱さな

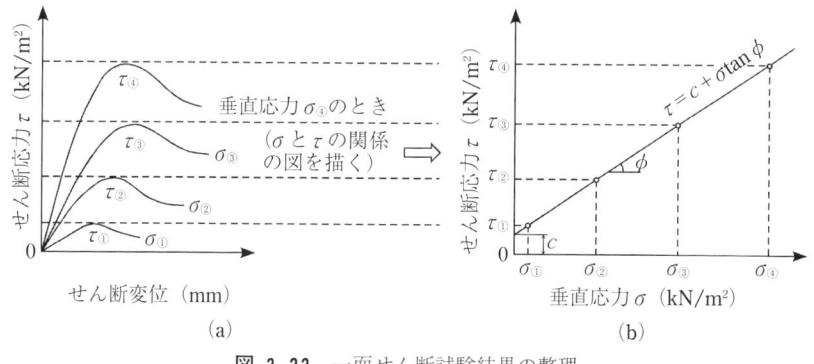

図 3-22 一面せん断試験結果の整理

い供試体の採取が難しいことがある．その場合には，次に述べるような現場（原位置）で試験が可能なベーンせん断試験が便利である．

演習問題 3-3 砂質土の供試体が $2\,\mathrm{kgf/cm^2}$ の垂直応力のもとで一面せん断試験を受けている．破壊時に供試体のせん断応力が $1.14\,\mathrm{kgf/cm^2}$ に達した．この土は粘着力をもたないとして，
① せん断抵抗角 ϕ の値と，
② 垂直応力が $3.5\,\mathrm{kgf/cm^2}$ での破壊に必要なせん断応力を計算せよ．

演習問題 3-4 ある土の一面せん断試験を行った結果，与えた垂直応力 σ に対して破壊時のせん断応力 τ が以下の表のように測定された．以下の二つの方法で，この土のせん断強度定数である粘着力 c とせん断抵抗角 ϕ の値を求めよ．
① σ と τ のグラフにデータをプロットして求める（図示法）．
② 最小二乗法を用いて計算で求める（計算法，Appendix 3-3 参照）．

	一面せん断試験結果			
垂直応力 σ $(\mathrm{kgf/cm^2})$	0.2	0.4	0.8	1.6
破壊時のせん断応力 τ $(\mathrm{kgf/cm^2})$	0.41	0.45	0.64	1.18

■ 土のせん断強度定数の求め方Ⅱ：ベーンせん断試験

ベーンせん断試験も直接せん断試験の一種である．マサ土用に開発されたベーンせん断試験器を用いたせん断強度測定法を以下に紹介する．まず，現場で試験したい土層の水平面を切り出す．そして図 **3-23** に示すような回転ロッドの先に，ドーナツ形の底面に長さ 22.5 mm，高さ 5 mm の刃が 45° 間隔に合計 8 枚付いたものを押し込み，ロッドにきわめてゆるやかなトルク（回転力）を加えせん断する．せん断時（破壊時）の最大回転モーメント $M_{\max}$ は次式で与えられる．

$$M_{\max} = \tau\left\{\frac{\pi d^2 H}{2} + \frac{\pi}{12}(d^3 - b^3)\right\} \qquad (3.30)$$

ここで，τ は破壊時のせん断応力である．また，d は底面の外直径（8 cm），b

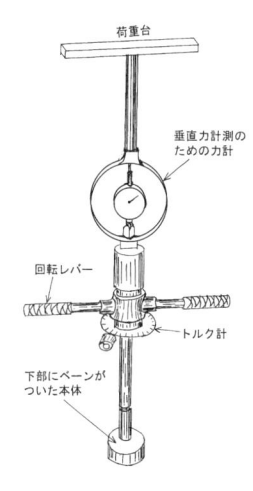

図 3-23 現場ベーンせん断試験器の一例

は底面の内径(3.5 cm)，H はベーンの高さ(0.5 cm)であるので，これらの値を代入すると，破壊時のせん断応力は以下のようになる．

$$\tau = \frac{M_{\max}}{173.1} \quad (\text{kgf/cm}^2) \tag{3.31}$$

　試験器の上方から垂直荷重をかけ，それを下底の面積で割れば垂直応力 σ に換算できる．垂直応力の値を変えて，数回の試験を行うことにより，一面せん断試験と同様に σ-τ の関係が求まり，そこからせん断強度定数の c，ϕ が得られる．

　崖崩れや山崩れの解析をする場合は試料の飽和状態での強度が必要になる．その場合には，試験器の周囲から濡れた布を通して水を供給しながら(土を飽和状態にして)試験を行うことになる．

■ 土のせん断強度定数の求め方Ⅲ：三軸圧縮試験

　三軸圧縮試験は，圧縮応力を与えて間接的にせん断応力を与える試験という意味で，間接せん断試験に分類される．三軸圧縮試験機は**図 3-24** に示すような装置である．まず，三軸セルの中に，ゴムスリーブを被せた円筒形供試体を立て，側圧として既定の水圧 σ_3 を加える．そのうえで軸圧 σ_1 を加えて圧縮し供試体をせん断破壊させる．

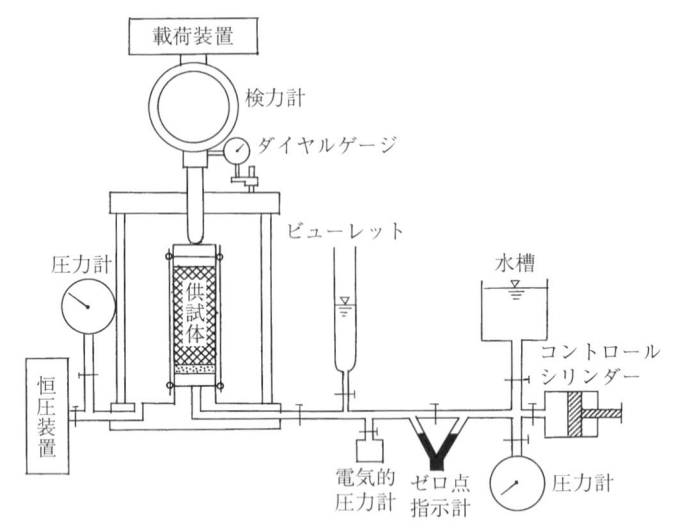

図 3-24 三軸圧縮試験機の概略

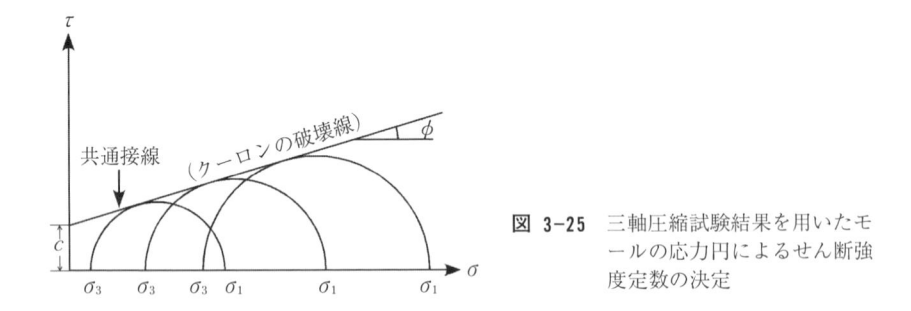

図 3-25 三軸圧縮試験結果を用いたモールの応力円によるせん断強度定数の決定

側圧 σ_3 を変えた試験を数回行い，それぞれの破壊時のせん断応力 σ_1 を求める．最後に**図 3-25** のように，σ-τ のグラフ上に破壊時の σ_1 と σ_3 の二つの応力を用いて $(\sigma_1 - \sigma_3)$ の値を直径とするようなモールの応力円を描き，それらの円の共通接線を求める．その接線は破壊包絡線と呼ばれ，その直線関係から c と ϕ が求まることになる．

■ 砂礫や砂と粘土のせん断強度

砂以上の粗粒なものは粒子がばらばらに分離しているので，粒状体材料と呼ばれることがある．一般的には粒状体材料は粘着力をもたず（$c=0$），せん

断抵抗角 ϕ が大きい．また，粒径が大きくなるほど ϕ は大きくなり，粒子が角張っているほど ϕ は大きくなることが知られている．

これに対して，粘性土は大きな c の値と小さな ϕ の値をもつ．

■ せん断強度に影響を与える要因

土のせん断強度は，たとえ同じ土であっても，間隙や水分量などの違いによって大きく変化する．そこで，ここではせん断強度に与える種々の要因をまとめておく．

（1） 間隙比の影響

図 3-26 は同じ砂をせん断箱に詰めた様子を表している．図の a はゆるく詰まっているが，b は密に詰まっている．これらの一面せん断試験の様子を追跡したのが図 3-27 である．図の a がせん断応力-水平変位，b は体積ひずみ（あ

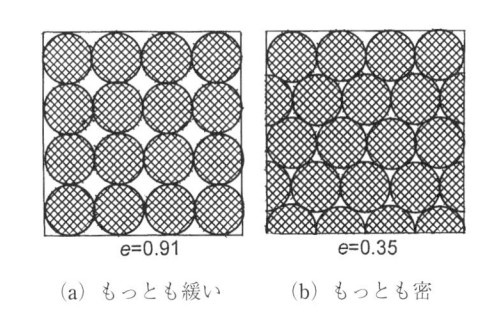

(a) もっとも緩い　$e=0.91$　　(b) もっとも密　$e=0.35$

図 3-26　球形粒子の詰まり方と間隙比

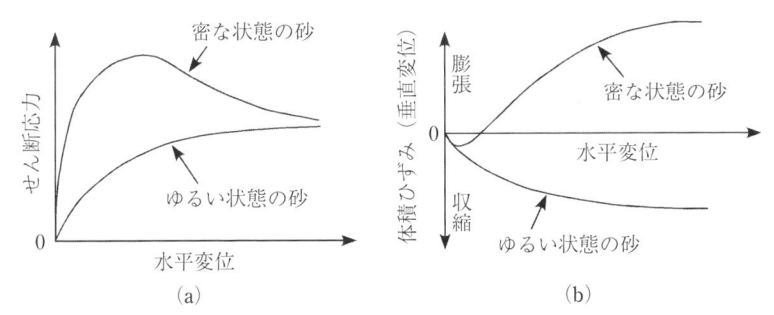

図 3-27　せん断に伴うせん断応力の変化と垂直変位（体積変化）の対比

るいは垂直変位)-水平変位曲線である．

　最初に密に詰めた(初期間隙比が小さい)試料では，前述したように(72,73ページ)ピーク強度をとったあとに強度が低下し，一定値の残留強度となる．この試験での垂直変位をみると，最初わずかに収縮するがその後膨張に転じ，最終的には最初の体積より大きくなっている．すなわち体積膨張を起こしている．この体積膨張の現象は**ダイレイタンシー**(dilatancy)と呼ばれる(図 3-28 の a)．

　一方，最初にゆるく詰まっている(初期間隙比が大きい)試料では，せん断応力は漸増するだけでピークが見られない．また，垂直変位の変化は試料が収縮し続けている(負のダイレイタンシーと呼ぶことがある，図 3-28 の b)ことを示している．

　二つの試験を同一の σ-τ 平面上にプロットしてみよう．当然であるが，ピーク強度 ϕ_p は残留強度 ϕ_r より大きいが，注目されるのはゆる詰め試料のせん断強度(せん断応力の最終安定値)が密詰め試料の ϕ_r と同じ大きさであることである．このことは，せん断の最後の部分では両者の間隙比はほぼ同じになっていることで説明される．すなわち，密な砂はせん断の過程で膨張し間隙比を大きくしているが，一方ゆる詰め試料は逆にせん断の過程で収縮し間隙比を小さくしており，その結果，最終の間隙比が同じになる．このような最終状態の間隙比は**限界間隙比**(critical void ratio)と呼ばれる．

　ところで，砂のせん断抵抗の一つの要因は砂どうしの摩擦である．したがって，図3-28のbのようにゆるく詰まった砂の抵抗力はこのような粒子どうし

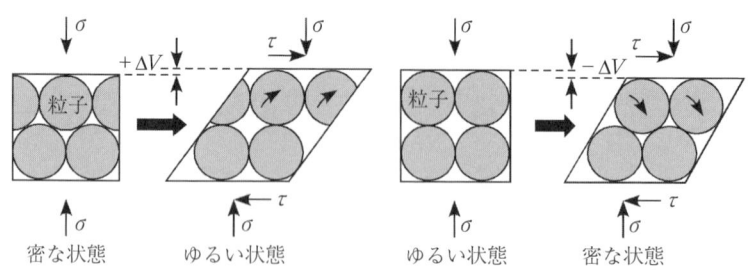

(a) 体積膨張(正のダイレイタンシー)　(b) 体積収縮 (負のダイレイタンシー)

図 3-28　せん断に伴う体積変化(ダイレイタンシー)

の摩擦力のみで発揮される．しかし，図のaのように砂がお互いにかみ合っているような場合は，せん断するためには，上の砂が下の砂を乗り上げるための力が余分に必要になる．すなわち密な砂はゆるい砂よりせん断抵抗が大きくなることになる．密な砂でピーク強度が発揮されるのはこのためである．このような砂のかみ合いのことを**インターロッキング**(interlocking)という．以上のことから，インターロッキングの程度が高いとダイレイタンシーが大きく，せん断抵抗角も大きくなるという重要な結論が得られる．

(2) 含水比の影響

土の強度は含水比によっても変化する．前述の(1)で説明したせん断箱の中に詰めた砂をイメージする．**図 3-29** は水分状態の違いを表している．図のaが乾燥状態，bが飽和状態，cが適度な水分がある状態である．このような状態に垂直荷重を載せる．図のaでは載せた荷重が直接砂粒子を押し合うことによりその力が伝達される．しかし図のbの状態では載せた荷重が砂粒子に伝達されると同時に，砂粒子の周囲の水にも荷重がかかることになり水圧が発生する，この水圧は砂粒子の間隙で発生することから**間隙水圧**(かんげきすいあつ)(pore pressure)と呼ばれる．発生した間隙水圧は砂粒子を離そうとする方向に作用する．すなわち，砂粒子どうしにはかけた垂直応力より間隙水圧分だけ減じた応力し

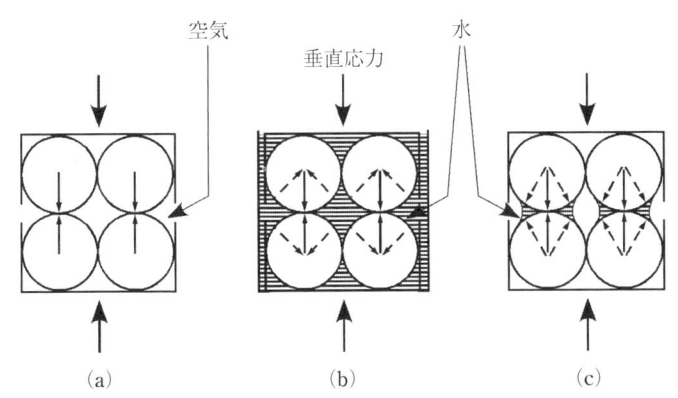

図 3-29 土壌中の垂直応力に与える水分の影響(Carson, 1971, Figure 3.8)
(a) 間隙水圧がゼロの乾燥した土, (b) 正の間隙水圧をもつ飽和状態の土, (c) 負の間隙水圧(粒子を引き付け合う水圧)をもつ部分的に飽和した土

か負荷されないことになる(このように間隙水圧分を減じた垂直応力を"有効応力"という).したがって同じ垂直応力のもとであっても,図のbでのせん断抵抗はaでのそれより小さいことになる.図のcの場合では間隙水が飽和していないので間隙水圧は発生しない.逆に適度な水分が砂粒子をくっつけ合うように作用し,垂直応力をより強める.したがって,このケースがせん断抵抗が最大になる.

　一般的に,山地の普段の土は不飽和で適度な水分のある図のcの状態にある.しかし,そこに降雨があるとそれが土にしみこみ土粒子の間隙を埋めていく.そして図のbのように飽和になると強度が低下し,やがて崩壊や地すべりを発生させることになる.この意味においても,含水比の増加による強度低下のメカニズムは重要である.**図 3-30** は,含水比を変化させたときのせん断強度の変化を測定した結果の一例である.図の Group A が最も乾燥した状態($w=4\%$ で飽和度 7.6%)であり,含水比が増加するに従い,急激に粘着力が

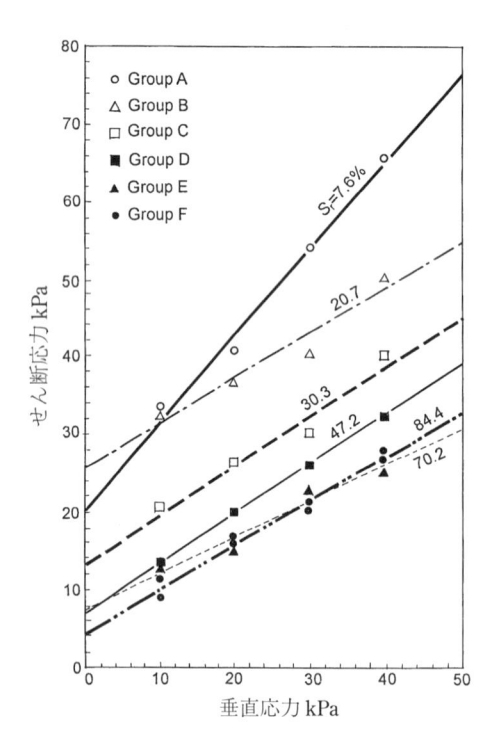

図 3-30 含水比を変化させた場合のせん断強度の変化の一例(供試体は房総半島・市宿砂層:Matsushi and Matsukura, 2006)図中の数字 S_r は供試体の飽和度を示す.Group A から Group F に向かって水分量が多くなる

減少していくことが読みとれる(Group F は $w=43\%$ で,飽和度 84% である).

(3) せん断速度の影響

試験条件の一つであるせん断速度もせん断強度に影響を与える.通常の一面せん断試験は,1 mm/min 程度の水平変位速度で行われる.それより速い変位速度を与える試験は急速せん断,遅い変位速度のものを緩速せん断と呼ぶ.一般に同じ土であっても,急速せん断のほうが緩速せん断より大きなせん断強度が得られることが知られている.

マスムーブメントの中では崩壊は瞬時に発生し,地すべりはゆっくり移動する(後述する 5.1 節および表 5-1 参照).したがって,崩壊の土を試験する場合は急速せん断が望ましく,逆に地すべりの土は緩速試験が望ましいことになる.

参 考 文 献

岩石力学や土質力学に関する参考書は数多くある(たとえば,下記の引用文献にもある山口・西松や今井の本などが一例)ので,それぞれのレベルにあった参考書を選んで読んでもらいたい.

土質力学の基本を学びたい方には以下の本が参考になる.

Lambe, T.W. and Whitman, R.V. (1979) *Soil Mechanics, SI version*. John Wiley & Sons, New York, 553 p.

Mitchell, J.K. (1993) *Fundamentals of Soil Behavior*, 2nd ed. John Wiley & Sons, New York 437 p.

引 用 文 献

Abrahams, A.D. and Parsons, A.J. (1987) Identification of strength equilibrium rock slopes : Further statistical considerations. Earth Surface Processes and Landforms, **12**, 631-635.

Bell, F.G. (1992) *Engineering Properties of Soils and Rocks*. 3nd ed. Butterworth-Heinemann Ltd., Oxford, 345 p.

Brown, E.T., Richards, L.R. and Barr, M.V. (1977) Shear strength characteristics of Delabole slates. Proceedings of Conference of Rock Engineering, New

Castle Upon Tyne, 31-51.

Carson, M. A. (1971) *The Mechanics of Grosion.* Pion, 174 p.

平松良雄・西原正夫・岡　行俊(1954)岩石の引張試験に関する検討．日本鉱業会誌, **70**, 285-289.

Hoek, E. and Bray, J.W. (1977) *Rock Slope Engineering (Revised 2nd ed).* The Institution of Mining and Metallurgy, London, 402 p.

池田和彦(1979)割れ目岩盤の性状および強度．応用地質, **20**, 158-170.

今井五郎(1983)"わかりやすい土の力学"．鹿島出版会, 258 p.

高専土質実験教育研究会編(2007)"新土質実験法"．鹿島出版会, 189 p.

Matsukura, Y. (2000) Formation of tafoni-like depression in the coastal spray zone: A quantitative approach to the effect of weathering. Transactions of the Japanese Geomorphological Union, **21**, 31-38.

松倉公憲(2001)異方性岩石の一軸圧縮強度特性．応用地質, **42**, 308-313.

松倉公憲・青木　久(2004)シュミットハンマー：地形学における使用例と使用法にまつわる諸問題．地形, **25**, 175-196.

Matsukura, Y. and Takahashi, K. (1999) A new technique for rapid and nondestructive measurement of rock-surface moisture content: preliminary application to weathering studies of sandstone blocks. Engineering Geology, **55/1-2**, 113-120.

Matsushi, Y. and Matsukura, Y. (2006) Cohesion of unsatsurated residual soils as a function of volumetric water content. Bulletin of Engineering Geology and Environments. **65**, 449-455.

Selby, M.J. (1980) A rock mass strength classification for geomorphic purposes: with tests from Antarctic and New Zealand. Zeitschrift für Geomorphologie, N.F. **24**, 31-51.

Selby, M.J. (1982) Controls on the stability and inclinations of hillslopes formed on hard rocks. Earth Surface Processes and Landforms, **7**, 449-467.

Sunamura, T. (1992) *Geomorphology of Rocky Coasts.* John Wiley & Sons, Chichester, 302 p.

Suzuki, T. (1982) Rate of lateral planation by Iwaki River, Japan. Transactions of the Japanese Geomorphological Union, **3**, 1-24.

田村　仁・鈴木隆介(1984)第三紀堆積岩の間隙径分布と他の物理的性質．地形, **5**, 311-328.

Tsujumoto, H. (1987) Dynamic conditions for shore platform initiation. Science

Reports of the Institute of Geoscience, University of Tsukuba, Sec. A, **8**, 45-93.
山口梅太郎・西松裕一(1991)"岩石力学入門(第3版)". 東京大学出版会, 331 p.

~~~~~~

Appendix 3-1　単位体積重量の現場(野外)計測法

水置換法：
1) 試験対象の場所の地表面を水平にカットする(水準器を用いて可能な限り水平に切り出す).
2) スプーン等を用いて土を掘り出し(盆状の窪地ができる)，それを容器に回収する.
3) 掘り出した土の全重量(m_1)を計測する.
4) 土を掘り出した跡の窪地(容積として200～300 mℓ程度)をビニールシートでカバーし，そこに水を注ぎ込む.
5) 水が窪地に一杯になる(周囲の水平面に溢れないような状態)まで注入する.
6) 注入した水の容積をメスシリンダーで計測する(m_2).
7) m_1をm_2で除すと自然含水比での密度(湿潤単位体積重量)が得られる.
8) 採取した土を実験室に持ち帰り，炉乾燥したのち重量を計測する(m_3).
9) $(m_1-m_3)/m_3$で自然含水比，m_3/m_2で乾燥密度(乾燥単位体積重量)が得られる.

　上記の水の代わりに単位体積重量の既知である砂を注入するのが，砂置換法である．この方法では，窪地に砂を注ぎ込むときに検定砂の単位体積重量を計測したときと同じように，可能な限り緩く砂が詰まるようにすることが正確な値を計測するこつである．砂置換法は水が得にくい山地斜面での調査では便利であるが，事前に単位体積重量が既知である砂を準備しておかなければならないという煩雑さはある．

Appendix 3-2　岩石強度の異方性

　砂岩(sandstone)や頁岩(shale)，粘板岩(slate)，千枚岩(phyllite)，片麻岩(gneiss)，片岩(schist)などの岩石は，層理・葉理(bedding, lamina)，葉状構造(foliation)，片理(schistosity)，劈開(cleavage)などが存在することによって強度(圧縮，引張，せん断)，変形，透水性などの性質において異方性(anisotropy)を示す．ここでは，このような層理面等と一軸圧縮強度との関係をみてみよう．層理面等の弱面が加圧軸方向となす角は，一般に orientation angle, β, と定義されるが，

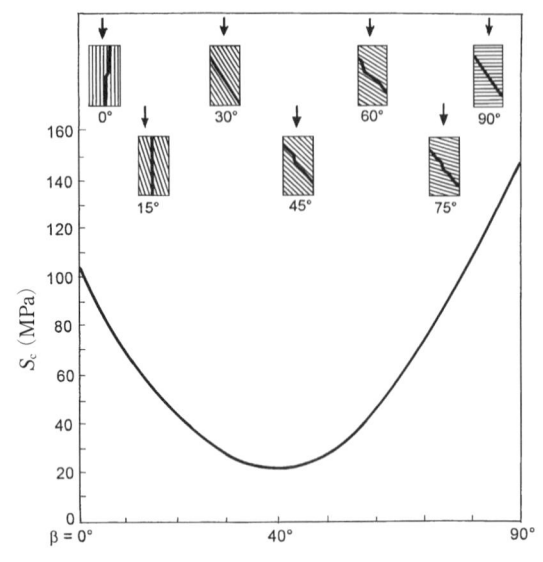

図 3A-1 載荷方向と層理・葉理・片理のなす角度(β)と一軸圧縮強度 S_c との関係（Brown et al., 1977）

それと一軸圧縮強度 S_c（UCS と同じもの）との関係をプロットしたのが図 3A-1 である．両者の関係は，このような U 字形のカーブをもち，これらは一般に U-type anisotropy curve と呼ばる．すなわち β が 40°くらいでもっとも S_c が小さくなり，β が 0°や 90°で大きくなる（90°で最大となる）．ただしこのような U 字形をとらない岩石もある（松倉，2001）．なお，このような強度異方性を示す岩石において，圧縮強度の最大値と最小値の比は異方性係数（anisotropy ratio）と呼ばれる．

Appendix 3-3　回帰直線と相関係数

(1)　回帰直線

せん断強度式は，c と ϕ との間に直線関係が成立することを示している．計算結果から，この関係を定式化する方法が回帰分析（regression analysis）である．ある試験により得られた x と y の関係を図上にプロットしたものを散布図（相関図）という．ここでは，散布図から x と y の関係に $y=ax+b$ のような直線関係が認められるような場合の解析を以下に述べる．

試験により図 3A-2 のような散布図が得られたとしよう．これから $y=ax+b$ という式の未知数 a と b を推定するのが最小二乗法である．図中に示したように，測

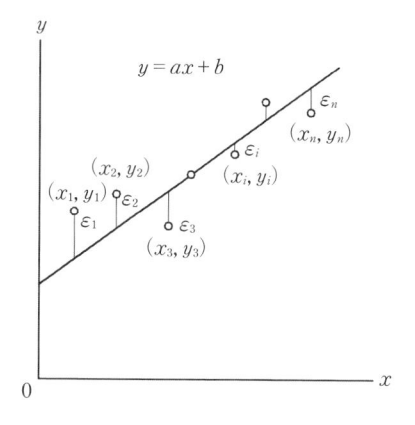

図 3A-2 最小二乗法による測定値（データプロット）と回帰直線との関係（高専土質実験教育研究会編，2007，図7-1）

定値と求める直線との縦の距離（測定値と直線との誤差）は $\varepsilon_i = y_i - (ax_i + b)$ となる．最適の a と b を決定するには，各測定値に関して ε_i の合計を最小にすればよいが，一般には ε_i は正負の両符号をとるので，それらの二乗したものの合計を最小にするのが合理的である．"最小二乗法(least square method)" という呼び名もここからきている．いま ε_i の二乗の合計をデータ数で割ったものを s^2 とすると，

$$s^2 = \frac{1}{n}\sum_{i=1}^{n}\{y_i - (ax_i + b)\}^2 \tag{3A.1}$$

となる．したがって，この s^2 を最小にすればよい．ここで，x の平均値を $\bar{x}$，y の平均値を $\bar{y}$ とし，式(3A.1)を以下のように変形する．

$$\begin{aligned}
s^2 &= \frac{1}{n}\sum_{i=1}^{n}\{y_i - (ax_i + b)\}^2 = \frac{1}{n}\sum_{i=1}^{n}\{(y_i - \bar{y}) - a(x_i - \bar{x}) + (\bar{y} - a\bar{x} - b)\}^2 \\
&= \frac{1}{n}\sum_{i=1}^{n}(y_i - \bar{y})^2 + a^2 \cdot \frac{1}{n}\sum_{i=1}^{n}(x_i - \bar{x})^2 + (\bar{y} - a\bar{x} - b)^2 \\
&\quad - 2a \cdot \frac{1}{n}\sum_{i=1}^{n}\{(x_i - \bar{x})(y_i - \bar{y})\} + 2(\bar{y} - a\bar{x} - b) \cdot \frac{1}{n}\sum_{i=1}^{n}(y_i - \bar{y}) \\
&\quad - 2a(\bar{y} - a\bar{x} - b) \cdot \frac{1}{n}\sum_{i=1}^{n}(x_i - \bar{x})
\end{aligned}$$

最後の二つの項は偏差の平均で 0 となる．ここで，

$$s^2(x) = \frac{1}{n}\sum_{i=1}^{n}(x_i - \bar{x})^2 \quad s^2(y) = \frac{1}{n}\sum_{i=1}^{n}(y_i - \bar{y})^2$$

$$c(x, y) = \frac{1}{n}\sum_{i=1}^{n}\{(x_i - \bar{x})(y_i - \bar{y})\}$$

とおくと，$s^2(x)$ は x の分散，$s^2(y)$ は y の分散であるが，$c(x, y)$ を x と y との共

分散(covariance)という．これらを用いると上の式は次のようにまとめられる．

$$s^2 = s^2(y) + a^2 \cdot s^2(x) + (\bar{y} - a\bar{x} - b)^2 - 2a \cdot c(x, y)$$
$$= \left\{ a \cdot s(x) - \frac{c(x,y)}{s(x)} \right\}^2 + (\bar{y} - a\bar{x} - b)^2 + s^2(y)\left(1 - \frac{c^2(x,y)}{s^2(x) \cdot s^2(y)}\right)$$

はじめの二つの平方の項は 0 か正であるから

$$s^2 \geq s^2(y) \left\{ 1 - \left(\frac{c(x,y)}{s(x) \cdot s(y)}\right)^2 \right\} \tag{3 A.2}$$

となる．式(3 A.2)で等号がなりたつのは，

$$a \cdot s(x) - \frac{c(x,y)}{s(x)} = 0$$
$$\bar{y} - a\bar{x} - b = 0$$

の両式が満足されるときであり，これから a, b を求めると，

$$a = \frac{c(x,y)}{s^2(x)} \tag{3 A.3}$$

$$b = \bar{y} - a\bar{x} \tag{3 A.4}$$

この a, b が式(3 A.1)を最小とする係数であり，これを回帰係数という．これらを直線の方程式である $y = ax + b$ の式に代入すると

$$y - \bar{y} = \frac{c(x,y)}{s^2(x)}(x - \bar{x}) \tag{3 A.5}$$

が得られる．この直線を **x の上の y の回帰直線**という．

一般的には，x 軸に独立変数(あるいは原因)をとり，y 軸に従属変数(あるいは結果)をとることが多いので，そのような場合は式(3 A.5)の x の上の y の回帰直線で問題はない．しかし，場合によっては **y の上の x の回帰直線**が必要になることがある．その場合には以下の式を用いる．

$$y - \bar{y} = \frac{s^2(y)}{c(x,y)}(x - \bar{x}) \tag{3 A.6}$$

(2) 相 関 係 数

式(3 A.5)の x の上の y の回帰直線について考えてみる．データのプロットの多くがこの直線の近辺に集中して分布していれば，それだけこの直線は有効であり，x の任意の値に対する y の中心的な値を推定するのに役立つ．データの分布が，回帰直線の周囲に集中している程度を知るには $y = ax + b$ に対する分散，すなわち式(3 A.1)の値を調べればよい．この式の右辺に式(3 A.3)，式(3 A.4)を代入すると，式

(3 A.2)において等号がなりたつので，これを $s_0{}^2$ と表すと，

$$s_0{}^2 = s^2(y)\left\{1-\left(\frac{c(x,y)}{s(x)\cdot s(y)}\right)^2\right\} \tag{3 A.7}$$

となる．この値を回帰直線のまわりの y の分散という．この式の中に現れる

$$\frac{c(x,y)}{s(x)\cdot s(y)}$$

を x と y との**相関係数**(correlation coefficient)といい，r の記号で表す．r は $-1 \leq r \leq 1$ の範囲をとり，その絶対値が 1 に近いほど相関が高くなる．相関係数と関連した指標として，相関係数を 2 乗した**決定係数**(r^2)がある．決定係数は，一方の変数から他方の変数がどれだけ説明されうるか，という分散の程度を示すものである．

［第4章］

マスムーブメントの力学的解析Ⅰ：崖崩れの解析

本章から，いよいよ実際の地形現象であるマスムーブメントを扱う．前章までに勉強した基礎的知識を十分に活用し，マスムーブメントの力学的扱いに習熟しよう．一般に，山崩れ・地すべりの引き金(誘因という)は降雨や地震であるが，それらの誘因がなくてもマスムーブメントが起きる場合がある．急な勾配(たとえばほぼ垂直な勾配)をもつような崖の基部を削ったり，崖の上に盛り土をしたりすると，崖は不安定性を増し崖崩れが誘発されることがある．これを自然界に当てはめれば，河川の下刻により谷壁斜面(崖)の高さが増加したり，側刻により崖の基部にノッチが形成されたりすることにより崖崩れが起きることに相当する．このように，谷壁斜面がどのくらいの高さまで安定を保てるか，というぎりぎりの高さのことを"限界自立高さ"という．本章では，このような斜面の自立高さについて，まず議論しよう．

4.1 マスムーブメントの発生要因

マスムーブメントを力学的にみると，図 4-1 に示すように，斜面での駆動力 F_D が斜面物質の抵抗力 F_R より大きくなったときに起こると考えてよい．駆動力 F_D は斜面物質の重さの斜面方向の分力(せん断力)によってもたらされる．一方抵抗力 F_R は斜面物質の強度(この場合はせん断強度を考える)となる．通常の安定斜面は当然 $F_D<F_R$ である．このような安定斜面がマスムーブメントを起こす(すなわち破壊する．$F_D>F_R$ に転ずる)のはどのような場合であろうか．

$F_D>F_R$ となる最も単純なケースは以下の二つに分類される．

1) せん断力が増加して(せん断強度は変化しない)$F_D>F_R$ に転ずる場合である．たとえば，斜面の下部が河川の側刻などにより侵食され，その結果，斜面の勾配が急になったりするとせん断力が増加し，マスムーブメントを引き起こすことがある．また，下刻が進行すると谷壁斜面の高さが増加する．斜面高

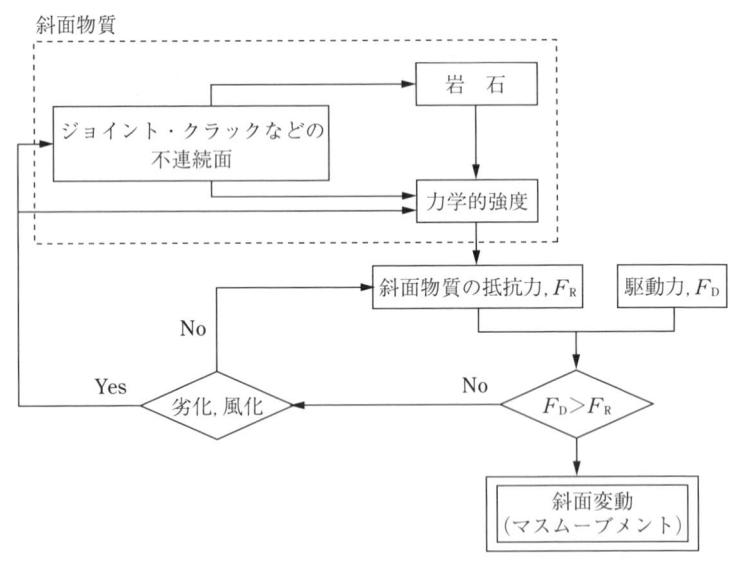

図 4-1 岩石物性とマスムーブメントとの関係(松倉，1994)

さの増加もまたせん断力の増加を引き起こし、マスムーブメントを誘発することがある。地震による振動がせん断力を増加させ、マスムーブメントを引き起こすのも、この場合に相当する。

2) せん断強度が減少する(せん断力は変化しない)ことにより $F_D > F_R$ に転ずる場合である。この例の代表的なものとしては、降雨に伴う斜面物質のせん断強度の低下や、図 4-1 に示したような風化によるせん断強度低下などがある。

4.2 マスムーブメントの力学の基本

図 4-2 に示すような、最も単純なせん断破壊が斜面で起こる場合のことを想定してみよう。潜在破壊面(もし破壊するとしたらそこで破壊が起こる面)を平面的なものと仮定し、そこでの駆動力と抵抗力のバランスを考える。斜面での駆動力の主なものは潜在破壊面より上部の斜面物質の重量(W とする)である。この図に示すように、斜面物質はいつも鉛直下方に重さ W の力が作用している。そこで、斜面勾配を β とすると、斜面物質の重さの斜面方向の分力である $W\sin\beta$ が駆動力 F_D(T と表す。すなわち $T = W\sin\beta$)ということになる。一方斜面物質の抵抗力 F_R(S と表す)は、潜在破壊面上でのせん断抵抗力である。ところで、岩石や土のせん断強度が

$$\tau = c + \sigma \tan\phi \tag{4.1}$$

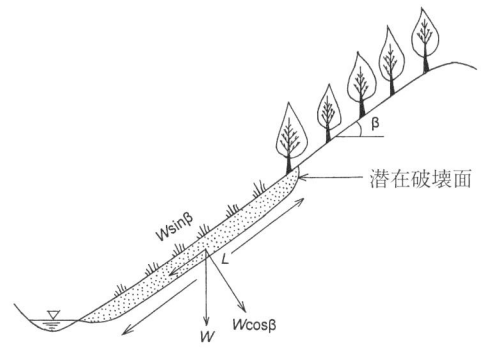

図 4-2 斜面における力の釣合い

であることは 1.3 節および 3.7 節で述べた．このせん断強度は単位面積あたりの力（応力）として表されているので，潜在破壊面の長さを L とし奥行きを 1 とすると，破壊面全体で発揮されるせん断抵抗力 S は

$$S = (c + \sigma \tan \phi) L \tag{4.2}$$

ということになる．ここで，垂直応力 σ をもたらすのは，図からも明らかなように潜在破壊面に垂直な方向の W の分力，すなわち $W \cos \beta$ である．ただし σ は応力（単位面積あたりの力）であるので，$W \cos \beta$ を潜在破壊面の長さ L で割った値となる．すなわち

$$\sigma = W \cos \beta \times \frac{1}{L} \tag{4.3}$$

そこで，式(4.3)を式(4.2)に代入すると，

$$S = cL + W \cos \beta \tan \phi \tag{4.4}$$

となる．S と T の比は安全率（safety factor）と呼ばれ，F_s で表される．すなわち，安全率 F_s は次式のようになる．

$$F_s = \frac{S}{T} = \frac{cL + W \cos \beta \tan \phi}{W \sin \beta} \tag{4.5}$$

抵抗力 S が駆動力 T より大きければ安全率は 1 以上となり，斜面は安全（安定斜面）とみなされる．一方抵抗力が駆動力より小さい場合は安全率が 1 以下となり，斜面は危険（不安定斜面）とみなされる．安全率が 1 のときが安定・不安定の限界，すなわち臨界点となる．このように安全率とは，マスムーブメントが起こるかどうかの，あるいは地形変化が生起するかどうかの"閾値（threshold value，"しきいち"あるいは"いきち"と読む）"である．

4.3　斜面の限界自立高さの解析（Culmann の解析）

かりに図 4-3 のような斜面を想定しよう．この斜面では斜面高さが増加することにより，不安定性が増加する．すなわち斜面が高くなると，いずれ安定の限界を超え崩壊することになるが，いったいこの斜面はどのくらいの高さま

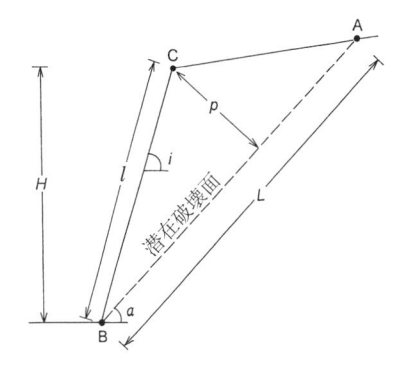

図 4-3 斜面安定に対する Culmann のアプローチ（Culmann の斜面安定解析）

で自立できるのかを考えてみよう．また，崩壊するとしたら，どのような角度で破壊面ができるのかも併せて考えてみよう．

まず崩壊は"のり先を通る平面破壊"と仮定する．"のり"とは人工斜面でいう"のり（法）面"のことであり，"のり先"とはその先端部分を指す．したがって図 4-3 においては，"のり"とは面 BC に相当し"のり先"とは点 B のことになる．また，ここでは以下のような条件を最初に与える．斜面の高さと長さ，傾斜角をそれぞれ H, l, i とし，斜面構成物質の単位体積重量とせん断強度定数を，γ, c, ϕ とする．そしてどこで崩壊が起こるかどうかわからないが，H_c という高さになったときに崩壊が起こり，その破壊面を"潜在破壊面"（長さを L とする）とし，a という角度で崩壊が起こると仮定すると，斜面の限界高さ H_c は以下の式で与えられる（Taylor, 1948, pp. 453-455；Carson, 1971, pp. 100-101, 116-118）（この式の導出については Appendix 4-1 を参照）．

$$H_c = \frac{2c}{\gamma} \frac{\sin i}{\sin(i-a)(\sin a - \cos a \tan \phi)} \tag{4.6}$$

ここで，$a=(i+\phi)/2$ と仮定すると，次式が導かれる（この a の仮定と式 (4.7) の導出については，Appendix 4-2 を参照）．

$$H_c = \frac{4c}{\gamma} \frac{\sin i \cos \phi}{1-\cos(i-\phi)} \tag{4.7}$$

もし，崖が垂直の場合の限界高さは，この式に $i=\pi/2$ を代入した次式によ

って求められる．

$$H_c = \frac{4c}{\gamma} \frac{\cos \phi}{1-\sin \phi} \quad (4.8)$$

この式は，一般には

$$H_c = \frac{4c}{\gamma} \tan\left(\frac{\pi}{4} + \frac{\phi}{2}\right) \quad (4.9)$$

と書かれる(Appendix 4-3)．

■ いくつかの地形物質の限界自立高さの計算

表 4-1 は，シラスやティル，チョークなどのいくつかの地形物質の物性値をまとめたものである．これらの物性値を式(4.7)に代入すると，これらの地形物質からなる崖の限界自立高さが計算される．その計算結果を示したのが図 4-4 である．それぞれのラインの右上が不安定領域，ラインの左下が安定領域となる．この図から，斜面高さが増加するほど斜面の安定勾配は小さくなる，あるいは勾配が急になるほどその安定自立高さは小さくなることが読みとれる．

ここにとりあげた斜面構成物質は比較的脆弱(ぜいじゃく)な固結の弱いものが多く，それだけ崖崩れを起こしやすいものである．たとえばシラスは 60°，70° の斜面勾配の場合には，それぞれ 180 m，56 m の高さまで自立できるが，垂直には 15.6 m の高さでしか自立できない，と計算される．この表の中では強度の比較的大きいチョーク(浅海底に堆積した珪藻や有孔虫などが弱い続成(ぞくせい)作用を受けて形成された軟らかい石灰岩)では，その垂直自立高さは 63 m ほどとなる．

表 4-1 二，三の地形物質の物性値(Matsukura, 1987a)

地形物質(地点)	単位体積重量 (gf/cm³)	粘着力 (kgf/cm²)	せん断抵抗角(°)	出　　典
レス(米国・アイオワ)	1.20	0.091	24.9	Lohnes and Handy(1968)
黄土(中国・黄土高原)	1.4-1.5	0.3-0.5	18-22	Tan Tjong Kie(1988)
ティル(英国・アイルランド)	2.25	0.38	25	McGreal(1979)
シラス(鹿児島・国分)	1.10	0.16	49	Matsukura et al.(1984)
浅間軽石流(長野・小諸)	1.72	0.327	42	Matsukura(1988)
チョーク(英国・ドーバー)	1.90	1.33	42	Hutchinson(1972)

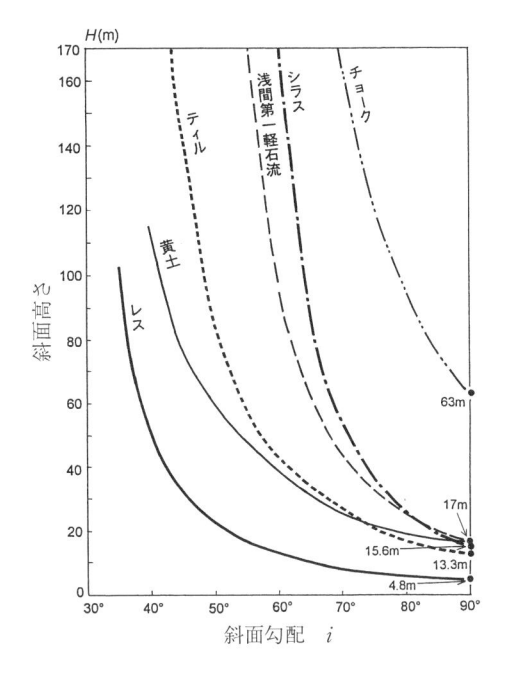

図 4-4 種々の物質からなる崖の限界自立高さ
斜面勾配と限界自立高さとの関係
(Matsukura, 1987a; 各斜面物質の物性は表 4-1 参照)

事実ドーバー海峡に面するイングランド・セブンシスターズの海食崖はほぼ垂直な 30 m ほどの高さをもち，通常は安定している．しかし，実際には海食崖の基部には波食ノッチが形成され，さらに海食崖の上部には崖面と平行な引張亀裂(後述する図 4-7 参照)が形成されることにより不安定性が増し，30 m ほどの高さの崖でも崩落が起こる (Hutchinson, 1972)．

演習問題 4-1 1996 年 2 月 10 日に北海道積丹半島の豊浜トンネルにおいて，図 4-5 に示したような岩盤崩落が起こった．この崖は比較的強度の大きい火砕岩からなっている ($\gamma=2.13$ gf/cm^3, $c=4.0$ kgf/cm^2, $\phi=50°$ である)．この崖の垂直自立高さを求めるとともに，この崖がなぜ崩落したのか，その理由をいくつか挙げよ．

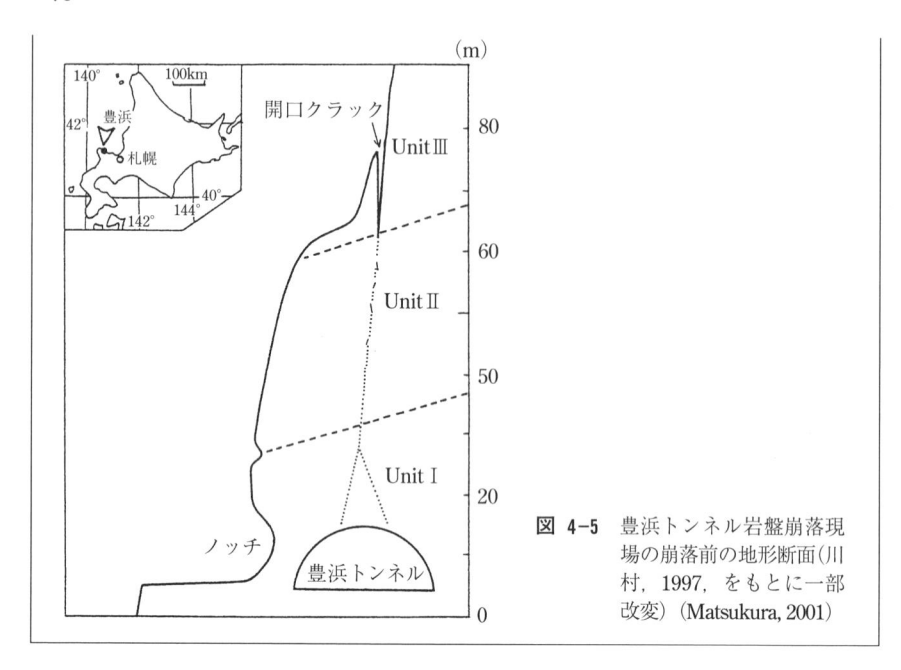

図 4-5 豊浜トンネル岩盤崩落現場の崩落前の地形断面(川村, 1997, をもとに一部改変) (Matsukura, 2001)

4.4 岩石斜面の垂直自立高さ

■ **一軸圧縮強度を用いた解析**

前述したように,式(4.8)あるいは式(4.9)は,垂直な崖の限界高さを与えるが,この式を用いた解析においては,せん断強度定数である c と ϕ の値が必要となる.しかし,c と ϕ の値の代わりに一軸圧縮強度 q_u がわかっていれば,$H_c = 2q_u/\gamma$ という簡単な式で,崖の限界高さを求めることができる.以下にこのことを証明しよう.

一軸圧縮試験の破壊時のモール円の左端は図 **4-6** のように原点を通る.なぜなら $\sigma_3 = 0$ であり,しかも軸方向応力 $\sigma_1 (= q_u)$ によって地形物質が破壊(せん断)されるからである.この図にはクーロンの破壊基準である $\tau = c + \sigma \tan\phi$ の直線が重ねて描かれている.クーロンの式はモール円の包絡線となる.この図で △ABD から

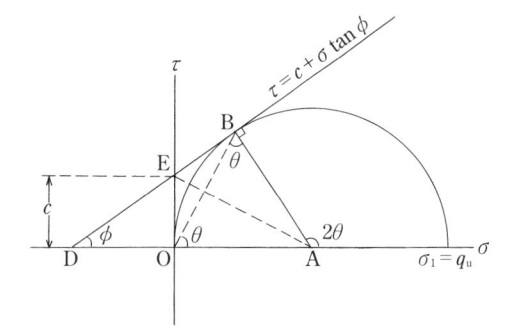

図 4-6 一軸圧縮試験の破壊時におけるモールの応力円

$$\sin\phi = \frac{\mathrm{AB}}{\mathrm{DO+OA}} = \frac{q_\mathrm{u}/2}{c/\tan\phi + q_\mathrm{u}/2} = \frac{q_\mathrm{u}}{2c/\tan\phi + q_\mathrm{u}} \quad (4.10)$$

これを変形すると

$$\frac{2c}{\tan\phi} = \frac{q_\mathrm{u}}{\sin\phi} - q_\mathrm{u} = q_\mathrm{u}\frac{1-\sin\phi}{\sin\phi} \quad (4.11)$$

$$c = \frac{q_\mathrm{u}\tan\phi}{2}\cdot\frac{1-\sin\phi}{\sin\phi} = \frac{q_\mathrm{u}}{2}\frac{1-\sin\phi}{\cos\phi} \quad (4.12)$$

式(4.12)を式(4.8)中の c に代入すると

$$H_\mathrm{c} = \frac{4}{\gamma}\times\left(\frac{q_\mathrm{u}}{2}\frac{1-\sin\phi}{\cos\phi}\right)\times\left(\frac{\cos\phi}{1-\sin\phi}\right) = \frac{2q_\mathrm{u}}{\gamma} \quad (4.13)$$

となり，$H_\mathrm{c}=2q_\mathrm{u}/\gamma$ が得られる．すなわち，垂直な崖の限界高さは，崖を構成する物質の一軸圧縮強度と単位体積重量がわかれば計算できることになる．

しかし一般には，崖が限界高さに達する前に，**図 4-7** に示されるように，崖の上面には，崖面と平行に引張亀裂が発達することが多い．このような引張亀裂が発達した場合の崖の限界高さ H'_c は

$$H'_\mathrm{c} = H_\mathrm{c} - Z \quad (4.14)$$

で与えられる（Appendix 4-4）．ここで H_c は引張亀裂をもたないときの限界高さであり，Z は引張亀裂の深さである．

現実には，この引張亀裂の位置や深さ Z を予測することは難しい．ただし，

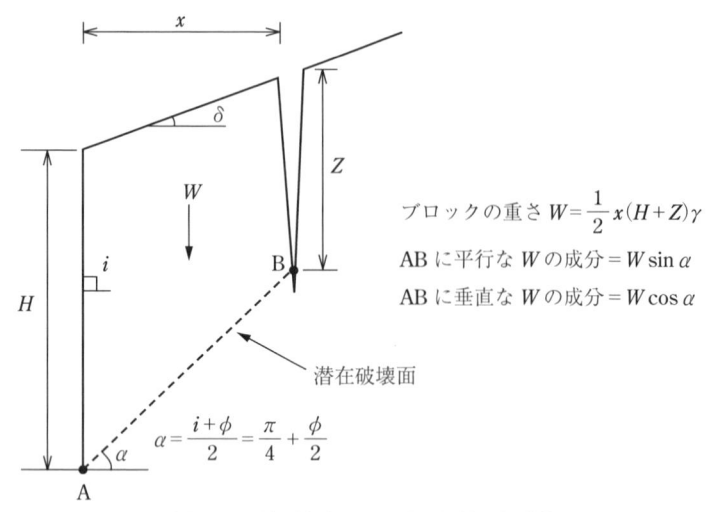

図 4-7 斜面安定に及ぼす引張亀裂の影響

亀裂の深さ Z には限界がある．その限界亀裂深さを Z_0 とすると，それは次式のように与えられる(Appendix 4-5)．

$$Z_0 = \frac{2c}{\gamma}\tan\left(\frac{\pi}{4}+\frac{\phi}{2}\right) \tag{4.15}$$

そこで，亀裂が最大の深さになったとき(すなわち $Z=Z_0$)，垂直な崖の限界高さは，式(4.9)，式(4.14)，式(4.15)の組合せより，

$$\begin{aligned}
H'_c &= H_c - Z \\
&= \frac{4c}{\gamma}\tan\left(\frac{\pi}{4}+\frac{\phi}{2}\right) - \frac{2c}{\gamma}\tan\left(\frac{\pi}{4}+\frac{\phi}{2}\right) \\
&= \frac{2c}{\gamma}\tan\left(\frac{\pi}{4}+\frac{\phi}{2}\right) = Z_0
\end{aligned} \tag{4.16}$$

となる．Terzaghi(1943)は，経験的に $Z=\frac{1}{2}H'_c$ としている．この場合には，

$$H'_c = \frac{4c}{\gamma}\tan\left(\frac{\pi}{4}+\frac{\phi}{2}\right) - \frac{1}{2}H'_c$$

第4章　マスムーブメントの力学的解析 I　　99

$$H'_c = 2.67 \frac{c}{\gamma} \tan\left(\frac{\pi}{4} + \frac{\phi}{2}\right) \qquad (4.17)$$

となる．

　この式(4.17)はせん断強度定数を用いた解析であるが，その代わりに一軸圧縮強度 q_u を使った場合はどのようになるであろうか．式(4.16)から，

$$H'_c = \frac{2c}{\gamma} \tan\left(\frac{\pi}{4} + \frac{\phi}{2}\right) \qquad (4.18)$$

であることはすでにわかっている．図 4-6 に示した一軸圧縮強度を表すモールの応力円(円の半径を r とする)において，

$$q_u = \sigma_1 = 2r = 2c \tan\theta = 2c \tan\left(\frac{\pi}{4} + \frac{\phi}{2}\right) \qquad (4.19)$$

という関係があることから，式(4.18)に式(4.19)を代入すると

$$H'_c = \frac{q_u}{\gamma} \qquad (4.20)$$

が得られる．すなわち崖の背後に引張亀裂のある場合の垂直な崖の限界高さ[式(4.20)]は，引張亀裂のない場合[式(4.13)]の半分ということになる．

■ **一軸圧縮強度を用いた斜面の限界自立高さの推定**

　たとえば，一軸圧縮強度が 760 kgf/cm²，単位体積重量が 2.31 gf/cm³ の銚子砂岩の値を式(4.13)に代入すると，その垂直自立高さは実に 6,600 m と計算される．また，強度の弱い岩石で知られる大谷石(凝灰岩)の一軸圧縮強度が 161 kgf/cm²，単位体積重量が 1.47 gf/cm³ という値を入れても，垂直自立高さは約 2,200 m と求まる．かりに崖の背後の引張亀裂を考慮して式(4.20)を用いても，砂岩で 3,300 m，大谷石で 1,100 m となり，岩石の垂直自立高さはかなり高いという結果が得られる．

　南米ギアナ高地に見られるテーブルマウンテンの側壁はほぼ垂直な壁になっており，そこには落差がおよそ 1,000 m の"エンジェルフォール"がかかっている．この滝は落水が途中で霧になり壁の基部まで達することができないほど高いという．ここがおそらく，世界で一番高い垂直な壁であろう．すなわち

1,000 m を超えるような垂直な壁は地球上にはきわめて少ないようである．上述の計算結果のような高さをもった崖が，実際の地球上には存在しないのはなぜだろうか．その理由の一つには，計算で用いた一軸圧縮強度はあくまでも供試体（直径 5～10 cm，高さ 10～20 cm）によって得られた強度であり，クラックや亀裂・節理などが入った実際の崖をつくる岩体（岩盤）の強度ではないということがあろう．第 3 章の 3.6 節で述べたように，岩石はインタクトな（クラックの入っていない"無傷"の）強度はそれなりに大きいが，対象となる岩盤のスケールが大きいほど，そこには多様なスケールのクラックが入ってくるので強度がその分低下することになる．すなわち，いわゆる強度の"寸法効果"が存在する．したがって実際の崖は，このようなインタクトな岩石強度で計算された自立高さほどは自立しえないことになる．

演習問題 4-2 現在，深さ 500 m の峡谷が硬い石灰岩を切っている．この垂直な峡谷の崖の背景には引張亀裂が入っていないものとする．この石灰岩の一軸圧縮強度はおよそ 300 kgf/cm^2，単位体積重量は 2,500 kgf/m^3 であった．

① 今後，下刻が 2 mm/year の速度で起こるとすると，崖の不安定が最初に起こるのはこれから何年後か．この場合には風化による岩石の強度低下はないものとする．

② 逆に下刻が起こらず，風化による強度低下だけが起こるとする．その強度低下は $\log_{10} y = 30t$ と表される．ここで，y は強度損失の量（kgf/cm^2）を表し，t は時間で単位は 100 万年である．峡谷の壁が最初に不安定になるのは何年後か．

4.5　シラス台地開析谷の谷壁斜面における崖崩れ

鹿児島県霧島市（旧国分市）周辺のシラス台地の最上部は，約 2.9 万年前に噴出したとされる入戸火砕流堆積物（以下，単にシラスと呼ぶ）より構成されている．たとえば，春山原や須川原などのシラス台地の縁は，小さな支流の開析谷

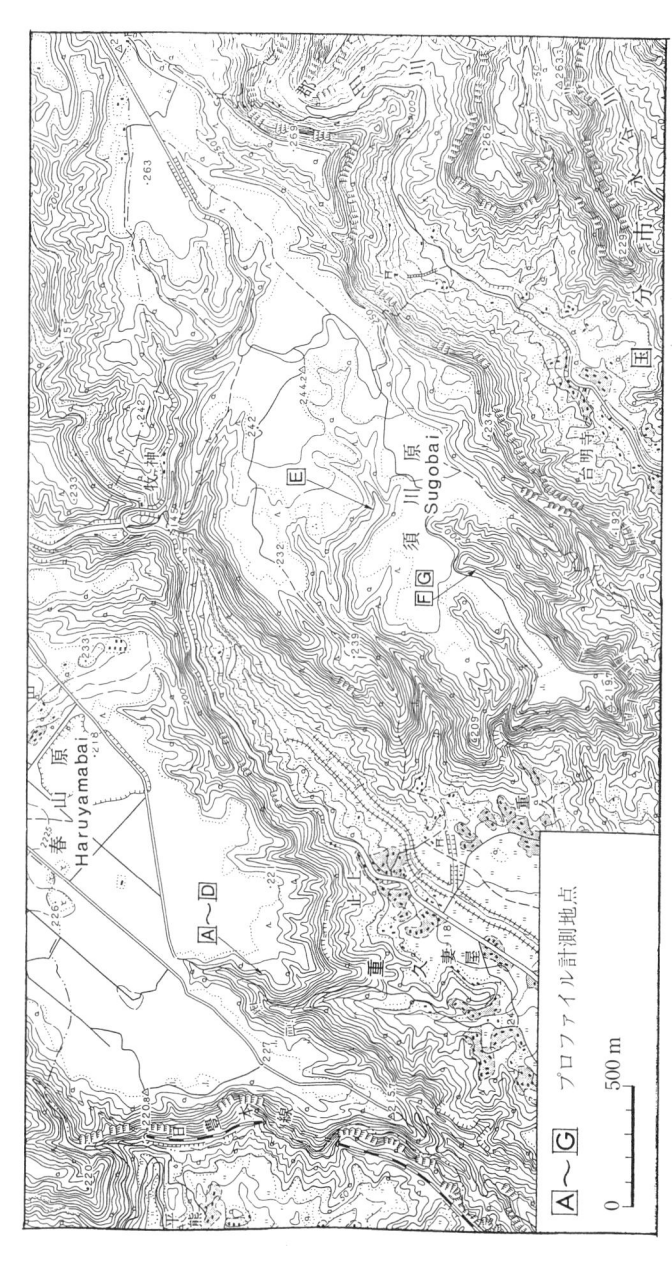

図 4-8 鹿児島県霧島市(旧国分市)付近のシラス台地の地形と台壁プロファイルの計測地点(Matsukura, 1987b. 原図は 1:25 000 地形図「国分」図幅使用)

によって刻まれている（図 4-8）．これらの開析谷は，普段は流水はないが梅雨や台風の豪雨時には流水があり，雨洗（rain wash）で斜面から供給された物質を運搬しながら，下刻や谷頭侵食が進む．

図 4-8 に示したプロファイル計測地点の A〜G までの地点で，開析谷の横断形を計測し，それらを図 4-9 に示した．谷壁の高さの順に番号（アルファベット）をつけて並べてあるが，これらの形状の特徴は以下のようにまとめられる．

1) 開析谷の谷頭には，垂直な谷壁をもつガリーが発達している（図 4-9 のプロファイル A）．

2) ガリー壁の多くのプロファイルは直線のセグメントからなっている．たとえば，図のプロファイル B やプロファイル E の右岸などは単一の直線セグメントからなり，プロファイル C, D, F, G などは複数の直線セグメントからなっている．

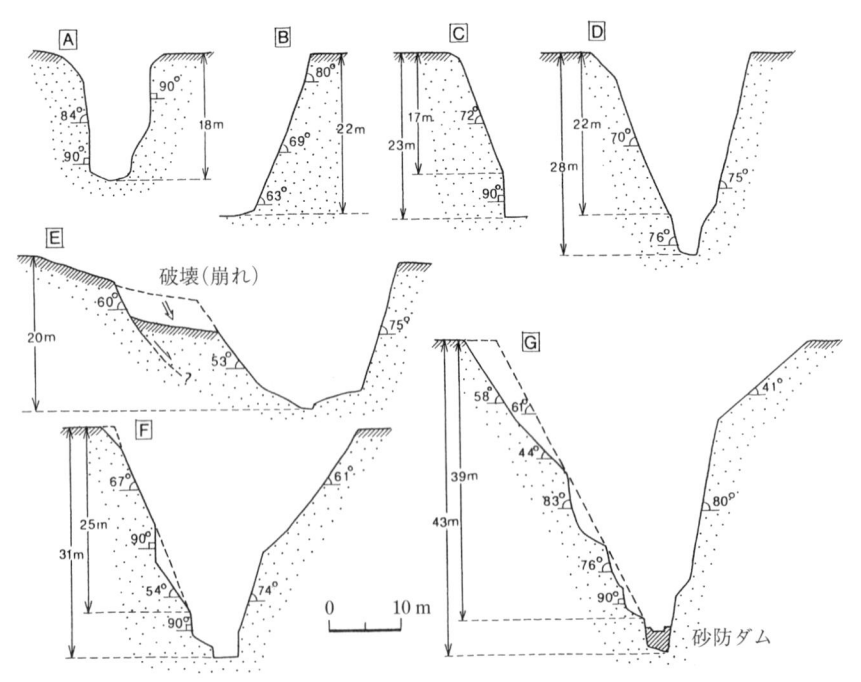

図 4-9　シラス台地開析谷の谷壁プロファイルのいくつかの例（Matsukura, 1987b）

3) プロファイル C，D，F，G にみられるように，プロファイルの下部は急である（ほぼ垂直）．

プロファイル E の場所では，小さな段丘状の地形が谷壁に沿って上・下流方向に長さ 30 m ほど延びている．この段は，周囲の地形観察等から破壊面が 60° の"平面破壊"（図 4-3 に示したような破壊）の結果形成されたものと考えられる．これは 50 m ほど下流にある多量の堆砂をもつ砂防ダムの影響で，崩れのブロックが流水に運搬されにくいため残存したもののようであった．また，プロファイル B，C，D の直線部は，平面破壊によって形成されたせん断面と思われる．以上のような観察から，ここでは垂直な下刻と平面破壊という二つの削剝プロセスが示唆される．

上記のような削剝プロセスをもとに，以下のような条件を考慮してモデルを作成する．その条件とは，① 最初に，下刻が垂直に進行する．そして，② 谷壁の高さが限界自立高さに到達した瞬間に，くさびの形状をもつように，のり先を通る平面破壊（崖崩れ）が起こる．そして，③ 谷底に堆積した崩れの物質を，流水が速やかに運搬除去し，さらに谷底を垂直に下刻する．

このようなモデルの解析には，先述の Culmann の解析を適用するのが妥当と思われる．そこで，シラスの物性値（表 4-1 に示されているように，自然含水比状態の値で，$c=0.16\,\mathrm{kgf/cm^2}$，$\phi=49°$，$\gamma=1.1\,\mathrm{gf/cm^3}$）を限界自立高さと崩壊面勾配を求める式(4.8)，Appendix 4-2 の式(4A.4)に代入して計算すると，$H_{c1}=15.6\,\mathrm{m}$，$a_1=69.5°$（それぞれの下付き添字の 1 は，1 回目の崩壊を表す）となった．すなわち，シラスの垂直な谷壁は 15.6 m の高さまでしか自立できないことがわかる（図 4-4）．シラスの垂直な谷壁はこの高さに達すると斜面は不安定となり，約 70° のせん断面をもつ崩れが起る．

最初の崩れが起こったあとに，流水が崩れの物質を運搬除去したのち再び下刻に転じ，谷壁下部に垂直な部分が付け加わることになる（**図 4-10**）．したがって，下刻が進行するに従い，谷壁斜面全体の勾配は 70° から徐々に増加することになる．このとき，谷壁斜面は AC と CD の二つのセグメントからなることになるが，Culmann の解析では斜面の初期勾配は一つの値で与えられなければならない．そこで，これを一つの勾配として表現することを考える．その勾配を平均勾配 i_2 とする．この i_2 は，2 回目の潜在破壊面である FD の上に

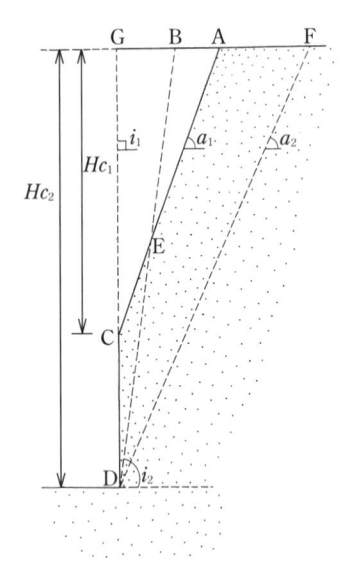

図 4-10 下刻が垂直に進行する場合の斜面安定解析（Matsukura, 1987b）

このプロファイルはステージ2に相当する（Matsukura, 1987b）．H, i, a の下付き添字は何回目の崩壊かを示す．たとえば，H_1, i_1, a_1 は，それぞれ1回目の崩壊の起こる限界自立高さ，初期斜面勾配，崩壊面の角度を示している

載るくさび ACDF の重量が，三角形 BDF に常に等しくなることが満足されなければならない．したがって，△ABE＝△CDE でなければならない．このことは，△AGC＝△BGD であることを導く．すなわち，

$$\frac{1}{2} \times AG \times GC = \frac{1}{2} \times BG \times GD \tag{4.21}$$

となる．図 4-10 において，GC＝H_{c1}，GD＝H_{c2} であり，しかも $H_{c1}/AG＝\tan a_1$，$H_{c2}/BG＝\tan i_2$ という関係があるので，これらを使って上式に代入すると

$$\frac{H_{c1}^2}{\tan a_1} = \frac{H_{c2}^2}{\tan i_2} \tag{4.22}$$

となる．ここで，H_{c1}＝15.6 m，a_1＝69.5° であるから，これらを上の式に代入すると

$$H_{c2}^2 = 91.0 \tan i_2 \tag{4.23}$$

となる．同様に，シラスの物性を式(4.7)に代入すると，以下の式が得られる．

$$H_c = 5.81 \frac{\sin i \cos 49°}{1-\cos(i-49°)} \tag{4.24}$$

式(4.23)と式(4.24)は，**図 4-11** に示したような曲線となる．式(4.24)は，斜面勾配が減少するほど斜面の自立高さは増加することを示している（図4-11の右下りの曲線は，図4-4のシラスの曲線とまったく同じものである）．しかも，この曲線の右上は不安定領域，左下が安定領域に属することになる．最初の崩れで70°の勾配になった斜面は，崩れたあとは完全な安定領域，すなわち式(4.23)の曲線上のAのポイントに入ることになる．しかし，下刻が進むとともに，式(4.23)の曲線を右上に進むことになる．しかし，その勾配増加にも限界がある．なぜなら，$i_2=82°$，$H_{c2}=24$ m のポイントで式(4.24)の曲線と交差するからである．すなわち，この高さになったとき再び斜面は不安定になり，2回目の崩れが起こることになる．

下刻がシラス（厚さ70 cm）の下部の溶結部に到達するまで，垂直な下刻とそれに続く崩れが起こると仮定し，同様の解析を繰り返す．谷壁の高さが70 m

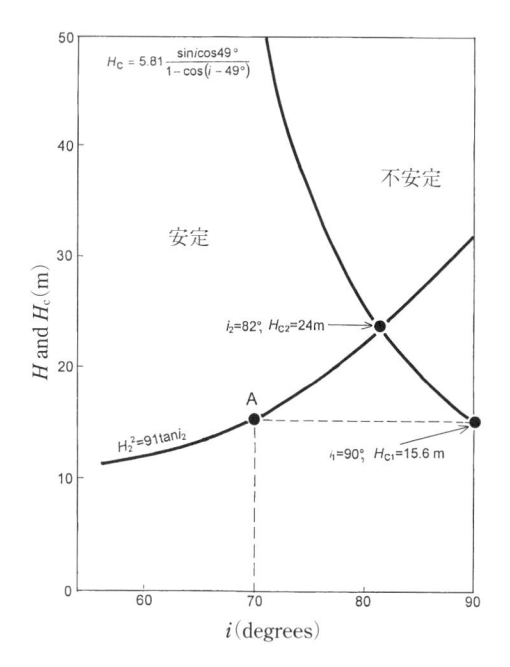

図 4-11 シラス台地開析谷の安定・不安定領域を表す図：斜面勾配と斜面高さとの関係（Matsukura, 1987b）

に達するまでには，合計6回の崩れが起こることになる（演習問題4-3で確認せよ）．

以上のような解析をもとに，シラス台地における谷壁斜面の発達過程をモデル化したのが図 **4-12** である．このモデルと図 4-9 に示した現実の谷壁プロファイルと比較してみる．プロファイルA，Bはステージ1に相当する．プロファイルBは，モデルの最初の崩れが起こった直後に相当すると思われる．すなわち，谷壁の高さはモデルより若干高いが，斜面勾配の69°はモデルの最初の崩れの70°にきわめて近い．プロファイルCやDは，モデルのステージ2のプロファイルに似ている．また，プロファイルFやGはモデルのステージ3，4のプロファイルに似ている．このように，上記のモデルで谷壁斜面の発達過程をうまく説明できる．

以上のように，シラス台地の発達モデルは，下刻により谷壁が高くなるに従い，谷壁で崩壊が起こり徐々に減傾斜していることを示している．

4.6　シラス谷壁斜面の発達モデルと空間-時間置換

上述したように，シラス谷壁斜面を例に，現実の斜面地形プロファイルとモデルのプロファイルとの比較を行ったが，この比較にはある仮定が隠されている．現実の斜面地形プロファイルはいくつかの異なる場所に分布しているものを，かりに斜面の高さの低いものから順に並べたものである．それに対してモデルは時間的発達過程を示したものであり，本来両者は直接は比較できないものである．ところがそれを比較可能なものと考えるのが**"空間-時間置換 (space-time substitution あるいは space-time transformation)"** の仮定である．

2.9万年前にシラスが堆積した直後には，一面に平坦な平原が形成されたと考えられる．そこに下流から河川による侵食が始まる．河川は下刻と同時に谷頭侵食をして上流方向に流路を延ばしていく．したがって，開析谷は上流ほど若く（谷壁の高さも低く），下流ほど古い（谷壁の高さは高い）ということになる．すなわち，上流にある（高さの低い）谷壁斜面は新しく，下流にある（高さの高い）谷壁斜面は古いことになるので，それらを時間軸に並べ替えることが

第4章　マスムーブメントの力学的解析 I

[ステージ1]

崩壊1

$H_{c1} = 15.6$ m, $a_1 = 70°$

下刻

[ステージ2]

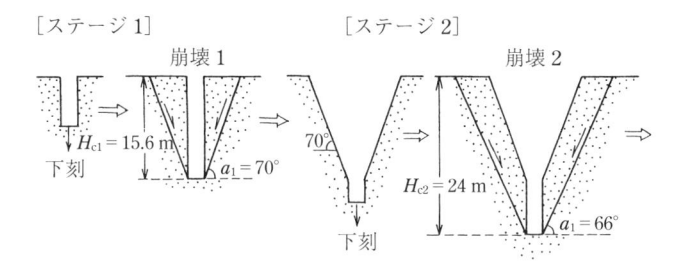

崩壊2

70°, $H_{c2} = 24$ m, $a_1 = 66°$

下刻

[ステージ3]

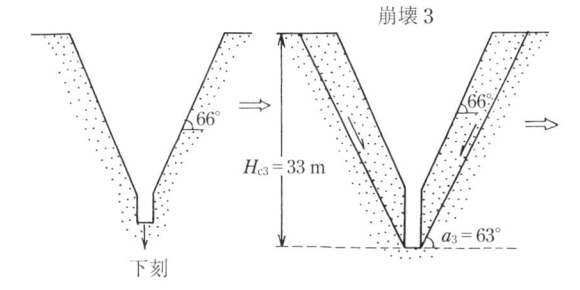

崩壊3

66°, $H_{c3} = 33$ m, 66°, $a_3 = 63°$

下刻

[ステージ4]

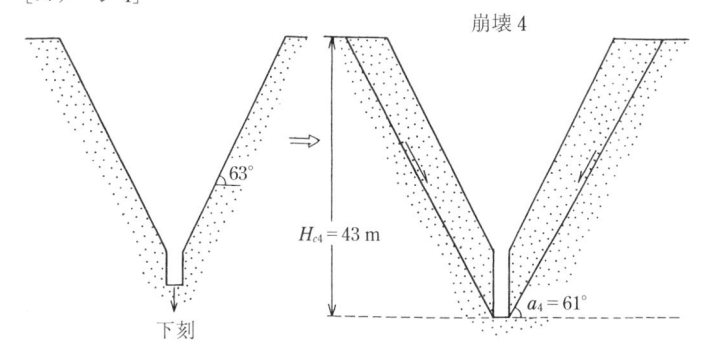

崩壊4

63°, $H_{c4} = 43$ m, $a_4 = 61°$

下刻

以下継続する
崩壊5：$H_{c5} = 54$ m, $a_5 = 60°$
崩壊6：$H_{c6} = 67$ m, $a_5 = 58°$
谷が70 mまで下刻すると谷底が
溶結凝灰岩に達する

図 4-12　シラス台地における, 下刻に伴う谷壁斜面発達のモデル (Matsukura, 1987b)

できるということになる．このように，空間配置しているものを時間配置に並べ替えることができるという仮定が"空間-時間置換"であり，地形学における時間情報不足を克服する一つの手法となっている．

演習問題 4-3 シラス台地が下刻されていく過程で，3回目，4回目，5回目，6回目の崩壊は，斜面高さが何 m になったときに起こり，その崩壊斜面勾配はそれぞれ何度になるか．

演習問題 4-4 図 4-13 は浅間軽石流(かるいしりゅう)堆積物(浅間火山から 1.3 万年前に噴出した火砕流堆積物)がつくる緩斜面を切る開析谷("田切(たぎり)"地形と呼ばれる)の断面図である(Matsukura, 1988)．谷壁である崖の基部には風化作用によってノッチが形成され，不安定性が増している状況を示している．

　ここで，図中の各記号は以下のことを示す

　　H：ノッチ上端からの崖の高さ

　　ΔM：ノッチの奥行き

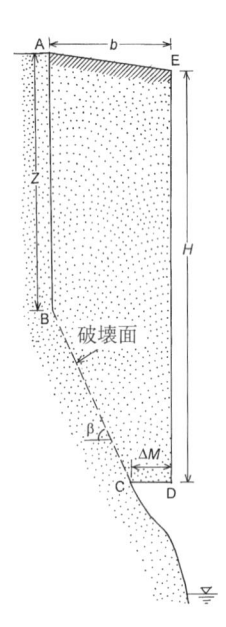

図 4-13　浅間山南西麓に発達する田切(たぎり)谷壁の断面形(Matsukura, 1988)

b　：崖端から引張亀裂までの水平距離
Z　：引張亀裂の深さ
β　：潜在破壊面の勾配

① 潜在破壊面をBC(破壊面の勾配はβ)と仮定すると，この崖の安全率F_sは次式で示されることを証明せよ．ただし，崖を構成する物質の単位体積重量をγ，粘着力をc，せん断抵抗角(内部摩擦角)をϕとする．

$$F_s = \frac{2c(b-\Delta M)}{\gamma[(Z+H)b+(b-\Delta M)\Delta M \tan\beta]\sin\beta\cos\beta} + \frac{\tan\phi}{\tan\beta}$$

② 実際のフィールドで，崖の高さHが7.1mのところで，崖端から1.4mの距離bのところに引張亀裂が認められた．

かりに，$\beta = \pi/4 + \phi/2$の角度で破壊が起こるとして，この崖はノッチの奥行きがどの程度まで深くなったときに不安定となるか．なお，崖を構成している物質の物性値は，表4-1に与えられている浅間軽石流堆積物のものを使用すること．

引 用 文 献

Carson, M.A. (1971) *The Mechanics of Erosion*. Pion, London, 174 p.

Hutchinson, J.N. (1972) Field and laboratory studies of a fall in Upper Chalk cliffs at Joss Bay, Isle of Thanet. in Parry, R.H.G. ed. Stress Strain Behaviour of Soils, Proceedings Roscoe Memorial Symposium, G.T. Foulis & Co. Ltd., Henley-on-Thames, Oxfordshire, Cambridge, 692-706.

川村信人(1997)豊浜トンネル崩落事故の地質学的背影．第34回自然災害科学総合シンポジウム要旨集，4-11．

Matsukura, Y. (1987 a) Critical height of cliff made of loosely consolidated materials. Annual Report of the Institute of Geoscience, University of Tsukuba, **13**, 68-70.

Matsukura, Y. (1987 b) Evolution of valley side slopes in the "Shirasu" ignimbrite plateau. Transactions of the Japanese Geomorphological Union, **8**, 41-49.

Matsukura, Y. (1988) Cliff instability in pumice flow deposits due to notch formation on the Asama mountain slope, Japan. Zeitschrift für Geomorphologie, N.F. **32**, 129-141.

松倉公憲(1994)風化過程におけるロックコントロール：従来の研究動向と今後の課題．地形, **15**, 202-222.

Matsukura, Y. (2001) Rockfall at Toyohama Tunnel of Japan in 1996 : effect of notch growth on instability of coastal cliff. Bulletin of Engineering Geology and the Environment, **60**, 285-289.

Taylor, D.W. (1948) *Fundamentals of Soil Mechanics*. John Wiley & Sons, New York, 700 p.

Terzaghi, K. (1943) *Theoretical Soil Mechanics*. John Wiley & Sons, New York, 510 p.

Appendix 4-1 式(4.6)の導出

図 4-3 において，AB 上でのせん断力 T は

$$T = W \sin a$$

となる．ここで W はくさび ABC の重量である．この場合，ABC は三角形であるので面積を示すことになるが，奥行き方向に 1 という単位厚さを考えることにより体積と重量をもつことになる．一方，面 AB に沿ったせん断抵抗力 S（単位面積あたりのせん断強度が面 AB 全体で発揮される場合の抵抗力）は次のように与えられる．

$$S = cL + W \cos a \tan \phi$$

崩壊の起こる臨界点（限界平衡）では，せん断力とせん断抵抗力がちょうどバランスする（釣合う）ので，

$$W \sin a = cL + W \cos a \tan \phi$$

または，

$$W(\sin a - \cos a \tan \phi) = cL \tag{4 A.1}$$

ところで，$W = (1/2)pL\gamma$, $p = l \sin(i-a)$, $l = H/\sin i$ であるから

$$W = \frac{1}{2} \frac{H}{\sin i} \sin(i-a) L\gamma \tag{4 A.2}$$

式(4 A.1)と式(4 A.2)とを組み合わせて

$$\frac{(1/2) H \sin(i-a) L\gamma (\sin a - \cos a \tan \phi)}{\sin i} = cL$$

臨界点での H が H_c であるので，それを代入し変形すると，

$$H_{\mathrm{c}} = \frac{2c}{\gamma} \frac{\sin i}{\sin(i-a)(\sin a - \cos a \tan\phi)}$$

となり，式(4.6)が導かれることになる．

Appendix 4-2　$a=(i+\phi)/2$ の仮定の根拠と式(4.7)の導出

式(4.6)を用いて，限界斜面高さが実際の斜面で求められるか検討してみよう．右辺にある変数は全部で5個あるが，そのうちの γ, c, ϕ は斜面構成物の物性値であるから，斜面物質をサンプリングし，計測すれば得られる値である．また，i は斜面勾配であるから，これも実測すれば得られる値である．最後の a はどうであろうか．a は破壊面の角度なので，実際に斜面で破壊(崩壊)しないとわからない値である．したがって5個のうち4個の変数の値が得られても，結局は a の値がわからないと限界高さは計算できないことになる．しからば，a の値はどのようにして求められるであろうか．

S/T の値は安全率とよばれ F_{s} と表現される．$S=(c+\sigma\tan\phi)L$ であるから

$$F_{\mathrm{s}} = \frac{S}{T} = \frac{cL + \sigma\tan\phi L}{T}$$

となり，変形すると

$$T = \frac{cL + \sigma\tan\phi L}{F_{\mathrm{s}}}$$

となる．斜面の高さが増加するに従い，安全率は徐々に低下し，安全率が1のとき T は最大をとることになる．なぜなら $F_{\mathrm{s}}<1$ にはなりえない(1になった瞬間に斜面は崩落してしまう)からである．このとき，T に釣り合うべく，潜在破壊面 AB 上に働く粘着力 c も最大になるはずである．ところで式(4.6)を変形すると

$$c = \frac{(1/2)H_{\mathrm{c}}\gamma}{\sin i}\sin(i-a)(\sin a - \cos a \tan\phi)$$

となるので，c は a の関数となる．したがって，c が最大となる a の値を求めるためには，$c=f(a)$ の臨界点，すなわち極大・極小点を探せばいいことになり，c を a で微分し0になる点を計算すればいいことになる．上式で直接微分に関係ない係数を k(すなわち $H_{\mathrm{c}}\gamma/2\sin i = k$)とおくと

$$c = k\sin(i-a)(\sin a - \cos a \tan\phi)$$

となり，それを a で微分すると

$$\frac{\mathrm{d}c}{\mathrm{d}a}=\frac{\mathrm{d}}{\mathrm{d}a}[k\sin(i-a)(\sin a-\cos a\tan\phi)]$$

ここで右辺だけを展開すると

$$\frac{\mathrm{d}}{\mathrm{d}a}[k(\sin i\cos a\sin a-\sin i\tan\phi\cos^2 a-\cos i\sin^2 a+\cos i\tan\phi\sin a\cos a)]$$

となり，微分して次式を得る．

$$\frac{\mathrm{d}}{\mathrm{d}a}=k[(\sin i+\cos i\tan\phi)(\cos^2 a-\sin^2 a)+2\sin a\cos a(\sin i\tan\phi-\cos i)]$$

ここで $\mathrm{d}c/\mathrm{d}a=0$ を代入して上式を解くと次式が得られる（ここで必要なのは $\sin a$ と $\cos a$ の導関数だけである．導関数については巻末の付録5を参照）．

$$\sin 2a(\cos i-\sin i\tan\phi)=\cos 2a(\sin i+\cos i\tan\phi)$$

または

$$\tan 2a=\frac{\sin i+\cos i\tan\phi}{\cos i-\sin i\tan\phi}=\tan(i+\phi)$$

となり

$$a=\frac{i+\phi}{2} \tag{4 A.3}$$

が得られる．

ここで，$i=\pi/2$ のとき，式(4 A.3)は

$$a=\frac{\pi}{4}+\frac{\phi}{2} \tag{4 A.4}$$

となる．この式は，第1章の式(1.14)で示したように，破壊面が最大主応力面となす角度と同じものである．すなわち，垂直な崖の Culmann の解析においては，最大主応力の方向は鉛直(最大主応力面は水平)であることを示している．このように，Culmann の解析は暗にランキンの主働土圧状態を仮定していることになる．

式(4 A.3)を式(4.6)に代入し，分子分母に $\cos\phi$ を乗ずると

$$H_c=\frac{2c}{\gamma}\frac{\sin i\cos\phi}{\sin[(i-\phi)/2]\{\sin[(i+\phi)/2]\cos\phi-\cos[(i+\phi)/2]\sin\phi\}} \tag{4 A.5}$$

ここで公式 $\sin a\cos b-\cos a\sin b=\sin(a-b)$ を使うと，式(4 A.5)は

$$H_c=\frac{2c}{\gamma}\frac{\sin i\cos\phi}{\sin[(i-\phi)/2]\sin[(i-\phi)/2]}$$

となる．ここで $2\sin^2\theta=1-\cos 2\theta$ の公式を使うと，

第4章 マスムーブメントの力学的解析 I

$$H_c = \frac{4c}{\gamma} \frac{\sin i \cos \phi}{1-\cos(i-\phi)}$$

となり，式(4.7)が求まる．これが限界斜面高さを求める一般式となる．

Appendix 4-3 式(4.8)と式(4.9)が等しいという証明

$$H_c = \frac{4c}{\gamma} \frac{\cos \phi}{1-\sin \phi} \tag{4.8}$$

$$H_c = \frac{4c}{\gamma} \tan\left(\frac{\pi}{4}+\frac{\phi}{2}\right) \tag{4.9}$$

式(4.9)の右辺の一部を2乗すると加法定理より次式が得られる．

$$\tan^2\left(\frac{\pi}{4}+\frac{\phi}{2}\right) = \frac{[1+\tan(\phi/2)]^2}{[1-\tan(\phi/2)]^2}$$

ここで分子分母のかぎ括弧内に$\cos(\phi/2)$を乗ずると

$$= \frac{[\cos(\phi/2)+\sin(\phi/2)]^2}{[\cos(\phi/2)-\sin(\phi/2)]^2}$$

$$= \frac{\cos^2(\phi/2)+\sin^2(\phi/2)+2\cos(\phi/2)\cdot\sin(\phi/2)}{\cos^2(\phi/2)+\sin^2(\phi/2)-2\cos(\phi/2)\cdot\sin(\phi/2)}$$

この式は，$\sin^2(\phi/2)+\cos^2(\phi/2)=1$であることと，倍角の公式から$2\sin(\phi/2)\cdot\cos(\phi/2)=\sin[2\times(\phi/2)]=\sin\phi$が導かれるので，これらを代入することにより次式のように整理される．

$$= \frac{1+\sin \phi}{1-\sin \phi}$$

ここで，さらに分子分母に$(1-\sin\phi)$を乗ずると

$$= \frac{1-\sin^2 \phi}{(1-\sin\phi)^2} = \frac{\cos^2 \phi}{(1-\sin\phi)^2}$$

すなわち$\tan^2(\pi/4+\phi/2)=\cos^2\phi/(1-\sin\phi)^2$となることから，式(4.8)と式(4.9)が等しいことになる．

Appendix 4-4 $H'_c = H_c - Z$ の証明

図4-7において，崩壊が起こるかどうかの限界平衡時には，ABに沿うせん断力がそこでのせん断強度とバランスする(等しい)．すなわち，

$$W\sin a = cAB + W\cos a \tan \phi \tag{4 A.6}$$

ここで W は AB より上部の土塊の重量であり、それは図から台形×奥行き1の体積に単位体積重量を乗ずることにより、

$$W = \frac{1}{2} x (H+Z) \gamma \qquad (4\text{A}.7)$$

となる。ところで、式(4.6)や式(4.7)は、崖の限界高さは崖上面の角度 δ に依存しないことを示している。したがって、$\delta = 0$ とおくことができる。この場合、

$$\frac{H-Z}{x} = \tan a \quad \text{すなわち} \quad x = \frac{(H-Z)}{\tan a}$$

が得られる。また、$\text{AB} \sin a = H - Z$ より

$$\text{AB} = \frac{H-Z}{\sin a}$$

が得られるので、これらを式(4A.6)、(4A.7)に代入すると

$$W \sin a = c \cdot \frac{H-Z}{\sin a} + W \cos a \tan \phi \qquad (4\text{A}.8)$$

$$W = \frac{1}{2} \frac{(H-Z)}{\tan a} \cdot (H+Z) \gamma \qquad (4\text{A}.9)$$

式(4A.8)の中の W に式(4A.9)を代入すると、

$$\frac{1}{2 \tan a}(H-Z)(H+Z)\gamma(\sin a - \cos a \tan \phi) = \frac{c(H-Z)}{\sin a}$$

または、

$$H'_c + Z = \frac{2c}{\gamma} \frac{1}{\cos a (\sin a - \cos a \tan \phi)} \qquad (4\text{A}.10)$$

となる。ここで、H'_c は破壊に先立って引張亀裂が発達したのちの限界高さを示している。$i = 90°$ のとき、式(4.6)は

$$H_c = \frac{2c}{\gamma} \frac{1}{\cos a (\sin a - \cos a \tan \phi)}$$

となるが、この式は式(4A.10)の右辺とまったく同じものとなる。それゆえ

$$H'_c + Z = H_c$$

となり、式(4.14)が求まる。

Appendix 4-5 式(4.15)の証明

$$Z_0 = \frac{2c}{\gamma}\tan\left(\frac{\pi}{4}+\frac{\phi}{2}\right) \tag{4.15}$$

　この式は，粘着力をもつ物質における最小主応力 σ_3 がゼロを想定したときのモールの応力円(図 4-6)を援用して簡単に求めることができる．深さ Z_0 における垂直応力は主働状態を仮定すれば，次式で与えられる．

$$\sigma_1 = \gamma Z_0$$

また，円の半径を r とすると $\sigma_1 = 2r$ であるから，

$$Z_0 = \frac{\sigma_1}{\gamma} = \frac{2r}{\gamma} = \frac{2}{\gamma}c\tan\theta$$

角 θ は破壊面と最大主応力とのなす角であり，主働破壊において最大主応力面は水平である．この場合，角 θ と α とはまったく同一であり，しかも $i = \pi/2$ であるから，われわれは $\theta = \pi/4 + \phi/2$ であることを式(1.14)で知っている．したがって，引張亀裂の深さは次式で与えられる．

$$Z_0 = \frac{2c}{\gamma}\tan\left(\frac{\pi}{4}+\frac{\phi}{2}\right)$$

[第5章]

マスムーブメントの力学的解析Ⅱ：山崩れ・地すべりの解析

　山崩れと地すべりは，マスムーブメントの中でも主要なプロセスである．これらの発生の主誘因は降雨や地震であるが，本章では降雨の誘因を取り上げる．砂質の土からなる急斜面では，脆性破壊的な移動速度の大きい山崩れが起こるが，粘土質の土からなる緩斜面では，塑性変形的な地すべりが発生する．本章では，このような山崩れと地すべりのプロセスを，力学的な安定・不安定問題として扱う．その過程で，花崗岩斜面の表層で起こる山崩れの発生周期は，風化層（土層）の形成速度にコントロールされることと，地すべりの再活動には，斜面物質の風化による強度低下速度が関係していることを述べる．

5.1 山崩れと地すべりの差異

　山崩れと地すべりの違いは表 5-1 のようにまとめられ，その運動様式により区別される．豪雨時に瞬時に斜面を滑落するものを"山崩れ"あるいは"崩壊"と呼び，一方緩速度(0.01～10 mm/day 程度)で斜面を徐々に移動するものを"地すべり"と呼ぶ．前者は"脆性破壊的"であり，後者は"塑性変形的"なものである．このため山崩れによる土塊は攪乱された状態で滑落し，斜面下部まで崩落する．崩壊物質が沢に流れ込み，そのまま土石流に転化することもある．それに対し，地すべりは土塊の乱れは少なく，原形を保ったまま動く場合が多い．

　このように，山崩れは降雨強度の大きい雨などの場合に突発的に発生するのに対し，地すべりは降雨後の地下水の上昇などが誘因となり，じわじわとした緩慢な動きになる．そのため崩壊は一度発生すると当分の間は再発しない(後述するが，これを"免疫性の獲得"という)が，一方の地すべりは数年にわたり動きを継続したり再発を繰り返す．地すべりが本格的に動き出す前には，滑落崖付近に亀裂が発生したり，地面の隆起や陥没が見られたり，地下水が涸れ

表 5-1 山崩れと地すべりの差異

	山崩れ(崩壊)	地すべり
斜面の破壊様式	脆性破壊	塑性変形
移動様式	土塊は攪乱されて瞬時に移動	土塊は乱れることなく原形を保ちつつ動く
移動速度	瞬時に高速で滑落	0.01～10 mm/day の緩速
素因(斜面物質)	砂質土(マサ，シラスなど)：塑性の性質小さい	粘性土(塑性の性質大)
斜面勾配	急勾配斜面(30°以上)	緩勾配斜面(5～20°)
誘因	台風や集中豪雨などの降雨強度の大きい雨，地震など	地下水位の上昇など
特質	免疫性の獲得	動きが継続する，また再発性が高い
兆候	兆候を見つけにくい	斜面に亀裂，隆起，陥没などの地形変化あり

たりする変化が現れるが，山崩れ発生の兆候は見つけにくい．山崩れは一般的に砂質の土(たとえばマサやシラスなど)からなる急傾斜(30°以上)な斜面で発生し，地すべりは粘土質の土(粘性土)からなる緩傾斜斜面(5〜20°)で起こる．

5.2 山崩れ・地すべりの解析法

■ Taylor の安定図表

一般に粘土のせん断強度は，岩石等に比較すれば非常に小さい．したがって，粘土斜面は比高の大きい斜面を維持することはできない．たとえば，London Clay は以下のような物性をもっている．$c=750〜1,250\ \mathrm{kgf/m^2}$，$\phi=10〜30°$，$\gamma=1,900〜2,250\ \mathrm{kgf/m^3}$．これらの平均値($c=1,000\ \mathrm{kgf/m^2}$，$\phi=20°$，$\gamma=2,000\ \mathrm{kgf/m^3}$)を式(4.9)に代入すると，London Clay の垂直自立高さが以下のように与えられる．

$$H_c = \frac{4 \times 1,000 \times 1.4}{2,000} = 2.8\ \mathrm{m}$$

しかし，式(4.6)の基本となる Culmann の解析は，本来は斜面高さが増加するに従い，斜面勾配の連続的なあるいは断続的な減少を予測するためのものであり，粘土斜面の下刻の過程においてこの解析を用いるのは適切ではない．なぜなら，粘土斜面の深いすべりは平面よりも回転になりやすいからである．この破壊面がのり先を通る円弧になることについては，第1章で述べたように，モールの応力円から導かれる(図 1-8 参照)．

このような破壊面が円弧になるような円弧すべりの安定解析には，いくつかの方法がある．たとえば，Appendix 5-1 にはもっとも一般的な Bishop(1955)の方法を取り上げたが，ここでは図から簡便な解析ができる方法があるので，以下にそれを述べる．のり先円弧すべりにおける斜面高さと斜面勾配との関係は，Taylor(1948)の安定チャート(**図 5-1**)として表される．縦軸の $N_\mathrm{s}=\gamma H/c$ (ここで，γ は単位体積重量，H は斜面高さ，c は粘着力)は安定示数と呼ばれるものであり，横軸が斜面勾配である．図中の ϕ はせん断抵抗角である．安定示数は分数の形をとっているが，その分子が斜面をすべらそうと

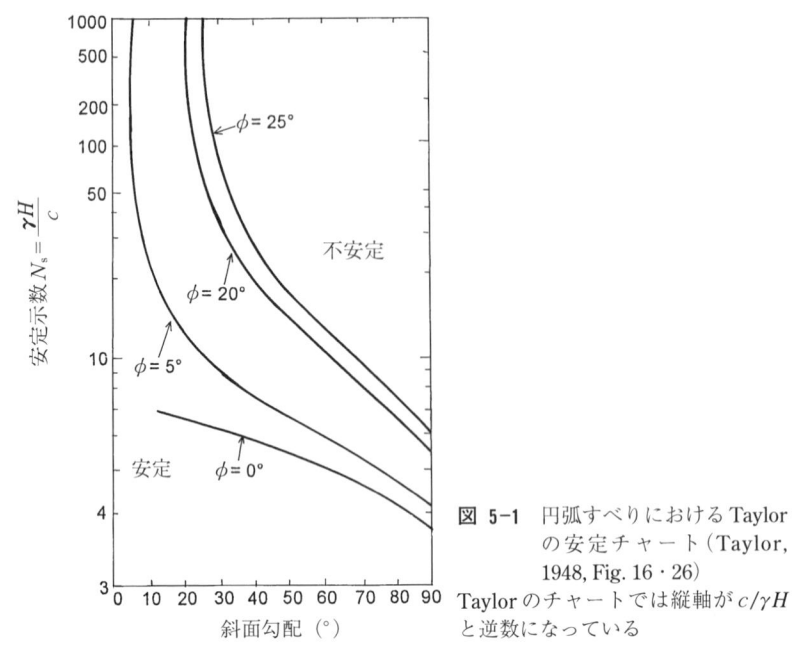

図 5-1 円弧すべりにおける Taylor の安定チャート (Taylor, 1948, Fig. 16・26)
Taylor のチャートでは縦軸が $c/\gamma H$ と逆数になっている

する力であり，分母がすべりに対する抵抗力となっている（安全率とは逆の関係になっており，危険率を示すことに注意）．したがって，この値が大きいほど危険性が大きいということになる．図中に引かれた曲線が安定・不安定の境界であり，これらの曲線の右上が不安定領域，右下が安定領域となる．この図（チャート）は以下のような二つの利用法がある．

1) 斜面勾配と ϕ が既知であれば，それらの値を用いて図から N_s（安定示数）の値が読みとれる．このとき，c や γ も既知であれば斜面の限界高さ H が計算できることになる．

2) 物性値が既知の粘土の地山を切って斜面をつくるとき（すなわち H, c, ϕ, γ が与えられたとき），斜面の限界安定勾配が求められる．

演習問題 5-1 $c=1{,}000 \text{ kgf/m}^2$, $\gamma=2{,}000 \text{ kgf/m}^3$, $\phi=20°$ という物性をもつ粘土が 50 m の斜面高さをもつときの安定限界勾配を Taylor の安定チャートを用いて求めよ．

■ 無限長斜面の安定解析

前章の図 4-2 に示したように，斜面に沿う長いせん断(すべり)破壊が浅い深度で生じているような場合を想定する．その斜面は破壊の深度に比較して"無限に長い"と考えてよいので，一般に"無限長斜面"と呼ばれている．前章の 4.2 節で述べたように，この斜面でのせん断破壊を考えた場合の安全率は以下のようになる[式(4.5)と同じもの]．

$$F_s = \frac{S}{T} = \frac{cL + W\cos\beta\tan\phi}{W\sin\beta} \tag{5.1}$$

ここでは，さらに条件を簡単にしてみよう．この斜面では斜面の上部から下部にかけてその深さが変わらないと考えられるので，**図 5-2** のように，斜面の長さ L を単位長さが 1 の部分だけにして解析してもよいことになる．この場合，上式の W は ABCD の土塊(図の"斜面移動体"の部分)の重さであるので，それはその体積に単位体積重量 γ を乗じたものになる．すなわち，$W = \gamma Z\cos\beta$ となる．ここで β は斜面勾配，Z は破壊面の"鉛直深"である．そこで，$L=1$, $W = \gamma Z\cos\beta$ を式(5.1)に代入すると，

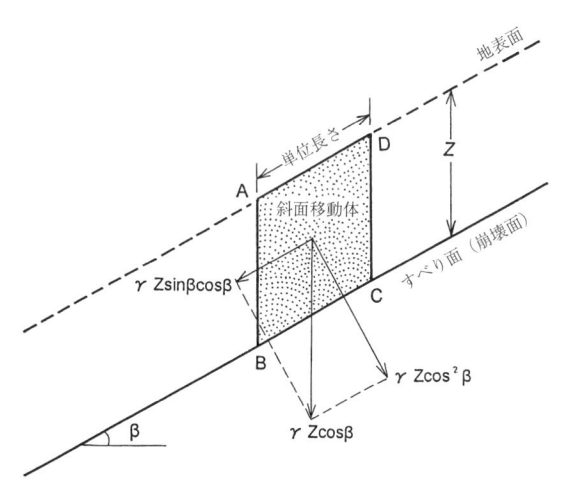

図 5-2 無限長斜面における力の釣合い

$$F_\mathrm{s} = \frac{c + \gamma Z \cos^2 \beta \tan \phi}{\gamma Z \cos \beta \sin \beta} \tag{5.2}$$

となる．なお，この式中の分子の $\gamma Z \cos^2 \beta$ は破壊面 BC に作用する垂直応力に相当する．

ところで，斜面物質が乾燥した砂礫で粘着力をもたない（$c=0$）ようなものであれば，式(5.2)は

$$F_\mathrm{s} = \frac{\tan \phi}{\tan \beta} \tag{5.3}$$

となり，安定・不安定の境界の条件（$F_\mathrm{s}=1$ の臨界条件）においては，$\beta=\phi$ となる．すなわち，乾燥砂礫の（せん断破壊に対する）限界勾配は，その斜面物質のもつせん断抵抗角に等しいことになる．

話を式(5.2)に戻そう．斜面物質が普段の自然含水比状態（不飽和状態）であれば，この式で解析が可能である．安定な斜面では斜面物質の重さによってもたらされる分母のせん断力よりも，分子のせん断抵抗力が大きく（安全率は1以上に）なっているはずである．しかし，このような斜面に降雨がある場合には式(5.2)では対応しきれない場合が生ずる．特に台風や集中豪雨などにより短時間に多量の降雨があると，その降雨は斜面内部に浸透し土層を飽和させるだけではなく，水流（斜面上で発生する地下水流は飽和側方流（ほうわそくほうりゅう）と呼ばれる）を発生させる．その飽和側方流は土層と基盤との境界付近から発生し，徐々に水位を上げ，場合によってはその水位（地下水面）を地表面付近まで上昇させる．

このような場合には第3章の図 3-29 で示したように間隙水圧が発生する．この間隙水圧を u とする．地下水面が地表面まで上昇した場合に，破壊面（せん断面）における間隙水圧は $u=\gamma_\mathrm{w} Z \cos^2 \beta$ と与えられる（Appendix 5-2）．ここで，γ_w は水の単位体積重量である．この間隙水圧は，式(5.2)の分子の $\gamma Z \cos^2 \beta$（破壊面 BC に作用する垂直応力）を弱めるように作用する．したがって，式(5.2)は以下のように変形される．

$$\begin{aligned}
F_\mathrm{s} &= \frac{c + (\gamma Z \cos^2 \beta - \gamma_\mathrm{w} Z \cos^2 \beta) \tan \phi}{\gamma Z \cos \beta \sin \beta} \\
&= \frac{c + (\gamma - \gamma_\mathrm{w}) Z \cos^2 \beta \tan \phi}{\gamma Z \cos \beta \sin \beta}
\end{aligned} \tag{5.4}$$

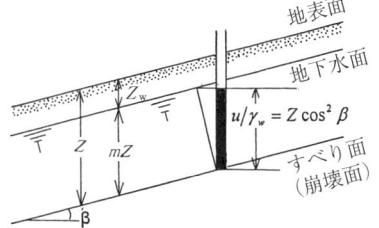

図 5-3 無限長斜面における地下水位の上昇
（Skempton and DeLory, 1957）

式(5.2)は無降雨状態を想定しており，式(5.4)は豪雨により土層が飽和し，しかも地下水面が地表面まで上昇したという，きわめて特殊な状態を想定している．実際の地すべりや崩壊の多くは，ここまで条件が悪くならない状態で起きていることが多いと考えられる．そこで，式(5.2)と式(5.4)の両条件にも対応できる一般式を導出しておく必要がある．そのために，Skempton and DeLory(1957)は，変動する地下水面の高さを表すパラメータ(m)を導入し，式(5.4)を以下のように表した．

$$F_s = \frac{c + (\gamma - m\gamma_w) Z \cos^2 \beta \tan \phi}{\gamma Z \cos \beta \sin \beta} \quad (5.5)$$

図 5-3 において，地表から地下水面までの深さを Z_w としたとき，m は

$$m = 1 - \frac{Z_w}{Z} \quad (5.6)$$

と表され，地下水面の高さを表すパラメータとして定義される．$Z_w = Z$，すなわち地下水面が破壊面に一致する場合(崩壊土層中に地下水面がない場合)は，$m = 0$ となり，式(5.5)は式(5.2)と同じになる．一方，$Z_w = 0$，すなわち地下水面が地表に一致する場合(地下水が地表まで上昇した場合)は，$m = 1$ となり，式(5.5)は式(5.4)と同じになる．

5.3 花崗岩山地における山崩れ（表層崩壊）

■ 阿武隈南部の表層崩壊の一例

阿武隈山地の基盤岩は花崗岩質岩石からなっている．花崗岩質岩石からなる

斜面の表層には基盤岩の風化物であるマサ土が載っており，それが台風や梅雨前線の豪雨によりしばしば表層崩壊を引き起こすことが知られている．阿武隈山地南部の多賀山地においても，1977年の台風11号がもたらした豪雨によって270箇所で崩壊が起こったことが確認されている．ここでは，そのうちの一つの崩壊斜面（図 5-4）をとりあげて，崩壊の力学的解析を行ってみよう．

この斜面の基盤岩は黒雲母花崗岩からなっている．調査は崩壊した4年後に行われた（Matsukura and Tanaka, 1983）．斜面長が約60 m，縦断プロファイルはほぼ直線状である．崩壊の冠部（滑落崖）は斜面プロファイルのほぼ中央付近にあり，崩壊斜面の長さは約20 m，幅は7 mほどである．崩壊跡地では基盤岩が露出しており，表層のマサ土が滑り落ちたことが容易に想定された．崩壊跡地および周辺部の地形調査から崩壊前の斜面プロファイル（図中の点線）が推定されるが，それによると，崩壊前の斜面の勾配と深さ（鉛直深）は，それぞれ39.5°と80 cmと見積もられる．

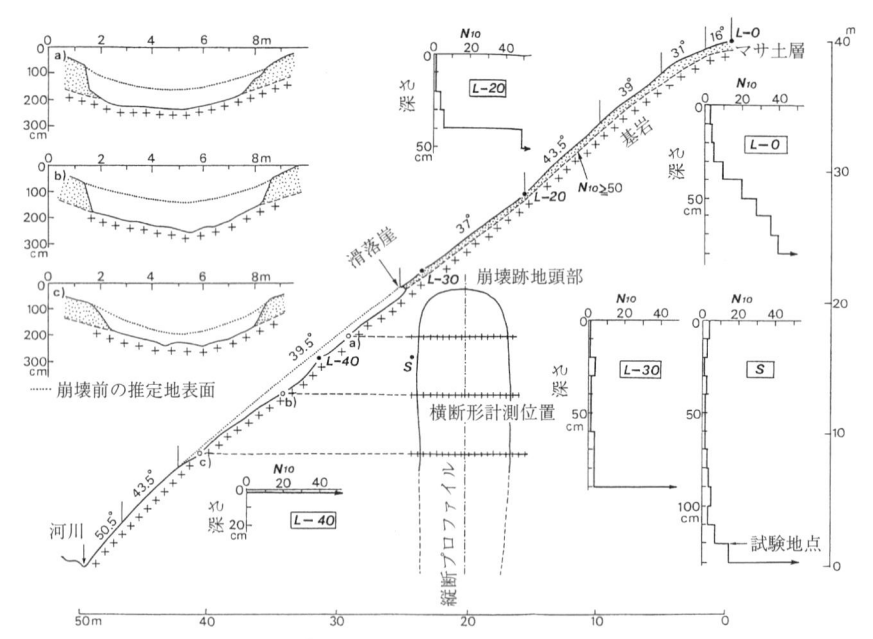

図 5-4 阿武隈山地南部の多賀山地における斜面崩壊の一例［斜面縦断形，横断形，崩壊地平面形，貫入試験結果（Matsukura and Tanaka, 1983）］

土研式貫入試験機を用いて計測した斜面表層の土層構造が図中に示されている．貫入試験の結果は，風化土(マサ)層(N_{10} 値が 10 以下)，漸移層帯(N_{10} 値が 10～50)，基盤岩(基岩ともいう，N_{10} 値が 50 以上)と区分される．尾根部(地点 L-0)では，風化土層，漸移層帯，基岩へと徐々に移行するが，崩壊のすぐ脇の斜面(地点 S)では，厚さ 120～130 cm の風化土層の下は N_{10} 値が急激に 50 以上(基岩)と大きくなる．したがって，崩壊のせん断面は風化土層の下部(基岩との境界部)か，漸移層の中にあることが推定される．

崩壊面相当の土層の物性が計測された．マサ土の粒度組成は砂分(2～0.063 mm)が 80％，礫分(2 mm 以上)が 20％という完全なる砂質土であった．このような土は不攪乱試料の採取が難しいこともあり，せん断強度は現場でベーンせん断試験器(第 3 章，3.7 節参照)を用いて計測した．飽和状態はマサ土に十分水分を与えながらつくり出した．また，マサ土の単位体積重量についても，土壌サンプラーでの計測では計測誤差が大きくなることを危惧し，現場計測(水置換法，Appendix 3-1)を行った．表 5-2 に結果を示す．それらの値を式(5.5)の無限長斜面の安定解析の式に代入し，斜面の不安定性を検討してみよう．

崩壊は豪雨時に起こっていることから，解析には当然飽和時の物性を使うことになるが，これらの物性値を式(5.5)に代入し，m をパラメータにし臨界時(すなわち，$F_s=1$)の斜面勾配と崩壊深(鉛直深)との関係を示したのが，図 5-5 である．それぞれの曲線の右上が不安定領域，左下が安定領域になる．地下水位が上昇する(m が大きくなる)ほど不安定領域が拡大することが読みとれる．この図に，崩壊した斜面の勾配 $\beta=39.5°$，崩壊深 $Z=80$ cm を入れてみると，図中の黒点となる．この点が $m=1.0$ の曲線上にほぼ載っていることから，この斜面が崩壊した(臨界状態に達した)のは，地下水位がほぼ地表面ま

表 5-2 マサ土の物性値(Matsukura and Tanaka, 1983)

	G_s (—)	γ (gf/cm³)	n (%)	w (%)	S_r (%)	c (gf/cm²)	ϕ (°)
自然含水比	2.64	1.86	33.3	6.1	32.2	54.3	42.9
飽和含水比	2.64	2.09	33.3	17.4	91.9	41.2	39.0

G_s：真比重，γ：単位体積重量，n：間隙率，w：含水比，S_r：飽和度，c：粘着力，ϕ：せん断抵抗角．

図 5-5 臨界条件における崩壊深 Z と斜面勾配 β との関係 (Matsukura and Tanaka, 1983)

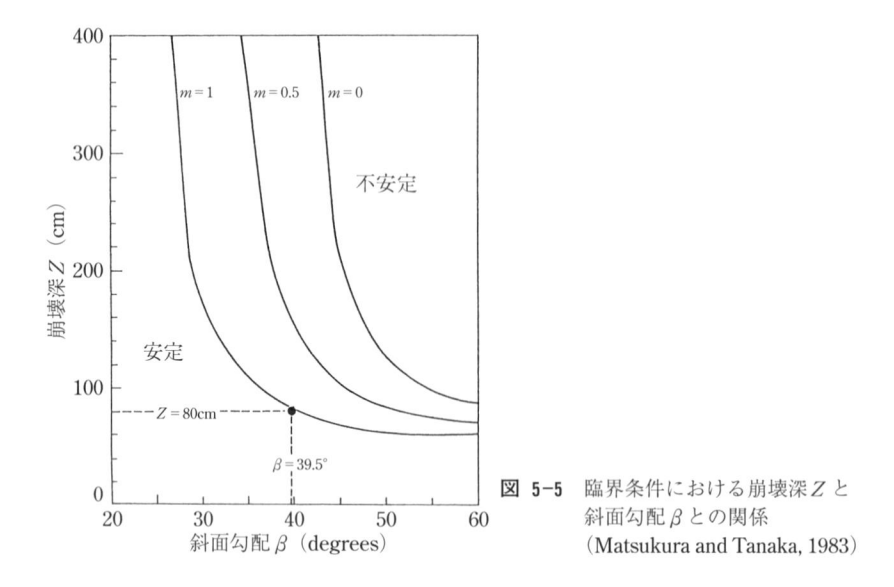

で上昇したときであることが導かれる.

■ 花崗岩斜面の土層厚と安全率との関係：崩壊の周期性について

上の例のように，花崗岩地域の表層崩壊は基岩に載る土層がすべり落ちるタイプが多い．そこで，土層の厚さ（以下，土層厚とする）と斜面の安定性との関係について考えてみよう．土層が薄い場合は，せん断力が小さいため斜面は安定性が高いが，土層が厚くなるに従いせん断力が増すため不安定性が増す．それを定量的に把握するためには，土層厚の増加に伴う安全率の変化を見ればよい．たとえば，図 5-6 は，上の例のマサ土の物性を用いて豪雨時の $m=1$（土層が飽和状態で飽和側方流がある条件で）の状態を想定し，斜面勾配を 40° としてこの問題を解いた結果である．土層厚が約 25 cm の場合の安全率は 2.1 もあるのに対し，土層が 50 cm，75 cm と増加するに従い安全率は 1.3，1.03 と小さくなる．このような計算から，80 cm ほどの厚さの土層が形成されたころに豪雨があると崩壊を起こすことになる．このように，花崗岩地域の表層崩壊は土層の形成（増厚）速度，すなわち風化速度にコントロールされていることになる．このような斜面は**風化制約斜面**(weathering controlled slope あるい

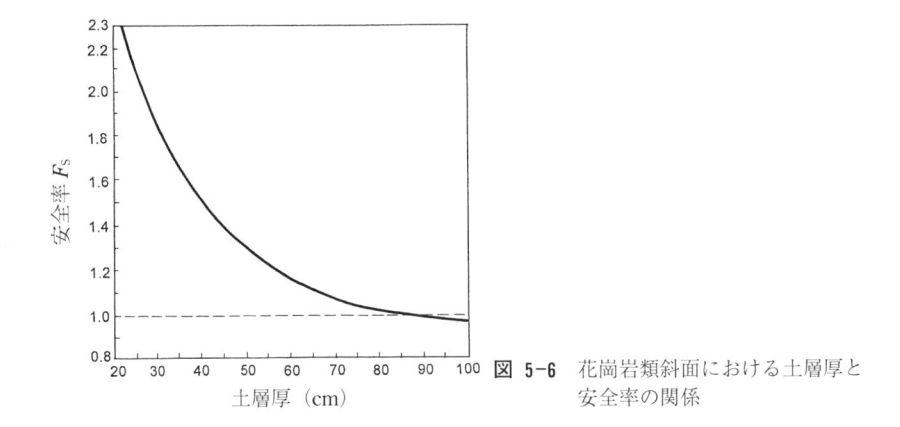

第5章 マスムーブメントの力学的解析II   127

図 5-6 花崗岩類斜面における土層厚と安全率の関係

は weathering limited slope．表層崩壊というプロセスをコントロールしているのは土層の形成速度，すなわち基岩の風化速度であるという意味）と呼ばれる．

図 5-7 は，花崗岩類斜面での風化土層の厚さと斜面の安定・不安定（安全率）との関係をまとめたものである．崩壊直後には，風化土層が除去されるので斜面には基盤岩が露出する．基盤岩の強度は土層に比較して桁違いに大きいので，その斜面はきわめて安定なものになる．しかし時間の経過とともに，斜面物質の花崗岩が表層から風化し徐々にマサ化する．同時に斜面上方から雨洗

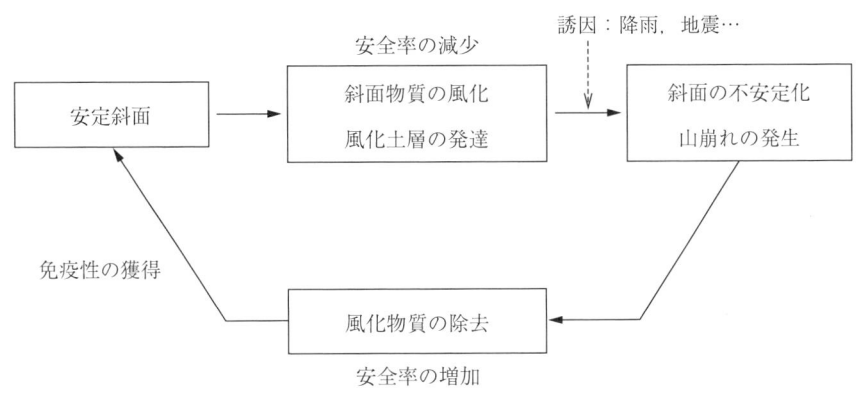

図 5-7 表層崩壊を起こす斜面における風化土層の厚さと安全率の変化．

や土壌匍行などにより土層物質が付加される．時間の進行に伴い土層は徐々にその厚さを増し，その厚さの増大に伴い斜面の安全率は徐々に低下する．安全率が1程度になったころに豪雨があると，それが引き金になって崩壊が起こることになる．この場合，崩壊面は土層と基盤岩の境界に位置することが多い．崩壊によって土層が除去されると斜面は再び大きな安全率を確保することになる．これを"免疫性の獲得"と呼ぶ．人間の場合は，たとえば一度獲得した天然痘の免疫などは一生通用するが，斜面の免疫性は一過性のものであり再発する．時間がたてば，また崩壊の危機にさらされる．すなわち崩壊は繰り返す．これを崩壊の周期性と呼ぶ．

演習問題 5-2 阿武隈山地南部のある斜面は勾配が$40°$のほぼ直線状の縦断形をもっている．この斜面は基岩の花崗閃緑岩(かこうせんりょくがん)の上に，基岩の風化物であるマサが約$1\,\mathrm{m}$(鉛直深)の厚さで載っている．① 無降雨時の場合，② 降雨によりマサが湿っているが地下水流が発生していない場合($m=0$)と，③ 豪雨によってマサ土の層中に斜面と平行な地下水流が発生し，それが地表面まで達した場合($m=1.0$)の三つのケースについて，斜面の安全率を求めよ．ただし，マサの物性は表 5-2 に与えられているものとする．

また，この斜面では，mがいくつのときに(すなわち，地下水がどのレベルになったときに)崩壊が発生するか．

5.4 ハンレイ岩山地における地すべり

■ 柿岡盆地東山におけるハンレイ岩の風化と地すべり

茨城県筑波山の東にある柿岡盆地の北に，標高$50\sim211.5\,\mathrm{m}$の東山という小さなハンレイ岩からなる山がある．空中写真判読によれば多くの化石地すべり地形が存在する．この山の北西麓で1976年6月から1977年末までにかけて，地すべりが起こった(松倉・水野，1984；Matsukura, 1996)．

図 5-8 は，地すべり発生1年後の1977年6月時点での地すべり地の断面図

図 5-8 茨城県柿岡盆地の東山地すべり地における地形縦断プロファイル(松倉・水野, 1984; Matsukura, 1996)

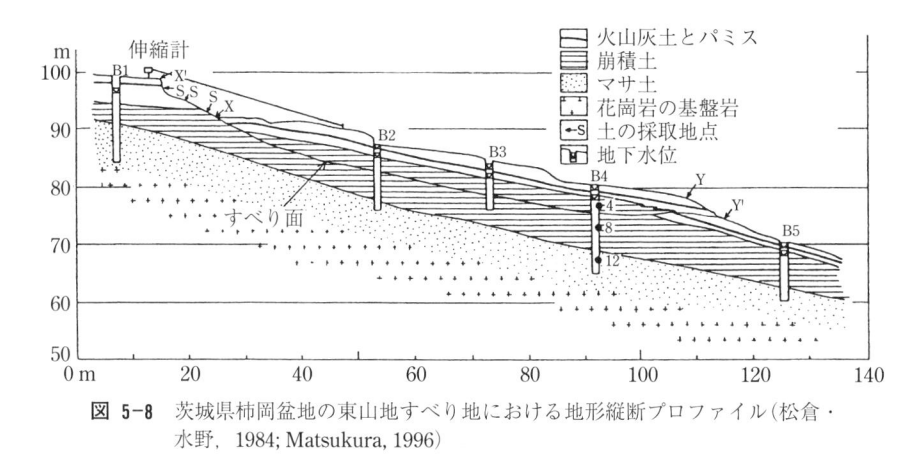

である．この地すべりは，斜面方向に最大 100 m の長さと最大 40 m の幅をもっている．また，地すべり発生前の斜面勾配(図 5-8 の X′-Y′)は 13.9°と見積もられ，1 年後の勾配(X-Y)は 11.3°であった．地すべり地内と周辺に掘られたボーリング孔で計測されたひずみ計のデータから，すべり面の位置が崩積土の中に存在することが推定された．すべり面の位置は地表面にほぼ平行であり，その鉛直深は約 6.4 m であった．地すべり斜面上には 3 段ほどの段丘状の地形が認められるが，これは人工的なものである(地すべり地の上はたばこ畑になっており，段差の部分は，その畑どうしの境界部に相当する．地すべり地の末端が少し盛り上がっているのは，そこが圧縮ゾーンであるからである．

斜面の基盤は白亜紀の後期から古第三紀に貫入してきた角閃石ハンレイ岩と黒雲母花崗岩より形成されている．滑落崖での観察から，地すべり土塊は主に崩積土であることがわかった．崩積土の上には厚さ 3～4 m の関東ロームが載っており，そのローム層の間にはオレンジ色の鹿沼パミス(約 5 万年前の赤城火山の噴出物，厚さ 0.5 m)が挟在する．すべり面を含む崩積土はハンレイ岩の風化物質である粘土層からなる．粘土層には膨潤性クロライトやカオリナイト，ハロイサイトなどの粘土鉱物が含まれている．粘土層の粒度組成は，砂分が 15%，シルト分が 40%，粘土分が 45% であり，その塑性指数 I_p は 29.2 であった．

1972 年から 1980 年にかけての月別降水量の記録(図 5-9)を見ると，1975 年

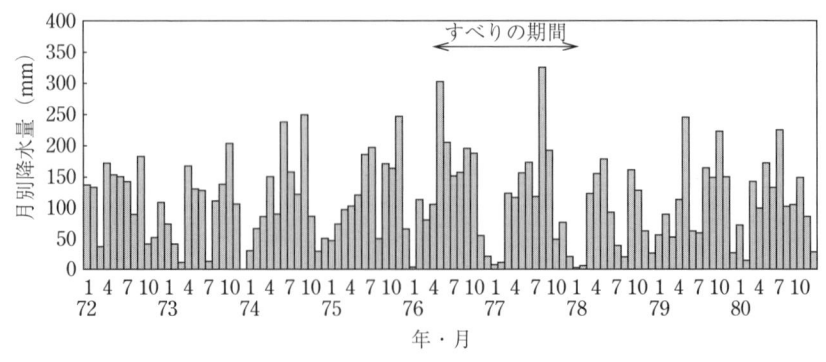

図 5-9 1972年から1980年にかけての降水量データ（Matsukura, 1996）

と1976年の降水量はそれぞれ1,525 mm と1,575 mm であり，平均年降水量1,394 mm より若干多い．雨量が多い時期はもちろん梅雨と台風の季節である．1976年の5月に梅雨前線と台風6号が刺激しあって，3日間で162 mm という降雨があった．これが地すべりの引き金である．

滑落崖の亀裂が最初に発見されたのは，1976年6月末で，その後，地すべりの移動は徐々に進行し，9月末には滑落崖と地すべり土塊頭部との溝の幅は5 m に広がった．このことから，地すべり発生初期の3～4か月間の平均移動速度は50 mm/day 程度と見積もられる．1年後の1977年7月から10月までの3か月間にわたり，応用地質調査事務所(1977)により移動プロセスに関する調査が行われた．

図 5-10 に，伸縮計による移動量の測定および地下水位の観測結果を示した．この図から，降雨・地下水位の上昇・地すべりの移動との間には，きわめて明瞭な対応が認められる．すなわち，降雨後に地下水位が徐々に上昇し，それに伴い地すべりの移動量が増大するという関係である．平常の地下水位は地表下2～3 m であるので，前述のすべり面深度のほぼ中間のところに位置している．これが降雨により緩やかに上昇する．特に8月中旬，9月上～中旬の降雨に対する地下水位の上昇は顕著であり，B2～B4のいずれも平常の地下水位より2～3 m の上昇が記録されている．しかも，これらのデータおよび図5-8中に示されている最高・最低水位によって，水位変化がすべり面に対しほぼ平行に起こっていることが読みとれる．降雨による地下水位の上昇ととも

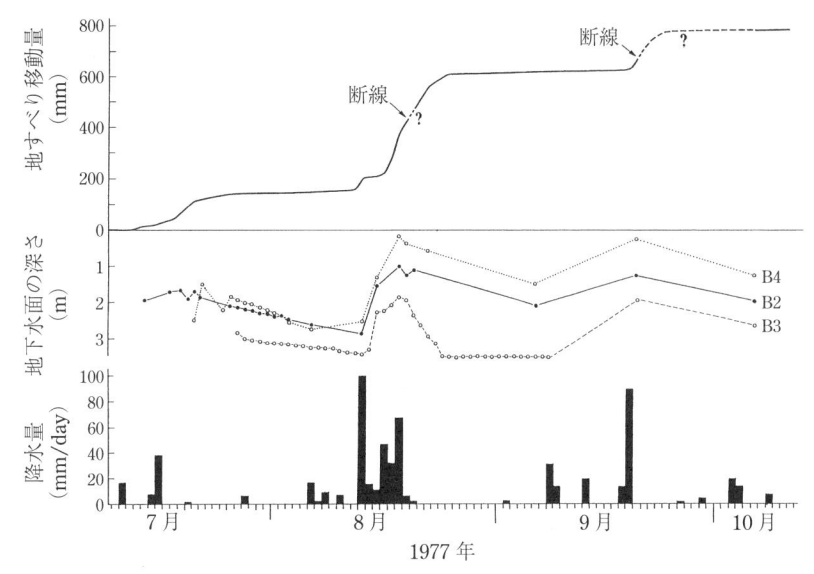

図 5-10 1977年7月～10月までの3か月間の東山地すべりにおける降水量，B2，B3，B4における地下水位の変動（B2～B4の位置は図5-8を参照），地すべり移動量の計測結果（松倉・水野, 1984 ; Matsukura, 1996）

に，地すべり移動量の増大が顕著である．特に8月13～19日の降雨に対しては，ほぼ350 mmの移動量が測定されている．これを含めた測定期間中の3か月間を平均すると，その移動速度はおよそ8 mm/dayと見積もられ，地すべり発生直後の50 mm/dayよりもかなり低下している．

地すべりの形状から，解析の式は無限長斜面の平面すべり［式(5.5)］を用いるのが妥当であろう．この解析は，すべり面より上の物質が一様であるという条件でなりたつが，この場合には異なる3種の土からなる．そこで，上記の式中の γZ（すべり面の単位面積にかかる鉛直方向の荷重）は3種の土の荷重を加えたものとなる．

$$\gamma Z = \gamma_1 Z_1 + \gamma_2 Z_2 + \gamma_3 Z_3 \tag{5.7}$$

ここで，Z_1, Z_2, Z_3 は，それぞれローム層，鹿沼パミス，ハンレイ岩風化層（崩積土）の単位体積重量および厚さを示すものとする．式(5.7)を式(5.5)に代入し，次式が得られる．

$$F_{\mathrm{s}} = \frac{c' + [(\gamma_1 Z_1 + \gamma_2 Z_2 + \gamma_3 Z_3) - m\gamma_{\mathrm{w}} Z] \cos^2 \beta \tan \phi'}{(\gamma_1 Z_1 + \gamma_2 Z_2 + \gamma_3 Z_3) \sin \beta \cos \beta} \quad (5.8)$$

土の諸物性を計測した結果を表 5-3 に示した．すべり面に相当するハンレイ岩風化層のせん断強度は一面せん断試験機を用い，繰返し試験をすることによって求めた．不攪乱で採取した直径 60 mm，厚さ 20 mm の試料を浸水状態で試験機にセットし，所定の垂直荷重で圧密をしたのち，せん断した．せん断は，大きな変位(ほぼ 10 mm)を与えてせん断面が形成された後に下箱をもとの位置まで戻し，再び同じせん断面に対してのせん断を繰り返す方法をとった．せん断は 0.03～0.045 mm/min の緩速で行った．これは，前述の地すべり初期の平均移動速度 50 mm/day にほぼ相当する．試験結果の応力-変位曲線の一例を図 5-11 に示した．これは垂直応力が 1.0 kgf/cm² の場合であるが，最初のせん断変位が 1 mm ほどのところで 0.65 kgf/cm² のピーク強度を示し，その後の変位の増大とともに強度が徐々に低下する．せん断を繰り返す

表 5-3　東山地すべりの土の物性(松倉・水野, 1984; Matsukura, 1996)

	火山灰土壌 (ローム層)	パミス	崩積土 (ハンレイ岩風化層)
比重，G_{s} (—)	2.76	2.60	2.76
乾燥単位体積重量，γ_{d} (gf/cm³)	1.17	0.32	1.24
間隙比，e (—)	1.36	7.11	1.22
自然含水比，w (%)	36.7	193.2	40.6
飽和単位体積重量，γ (gf/cm³)	1.74 (γ_1)	1.20 (γ_2)	1.79 (γ_3)

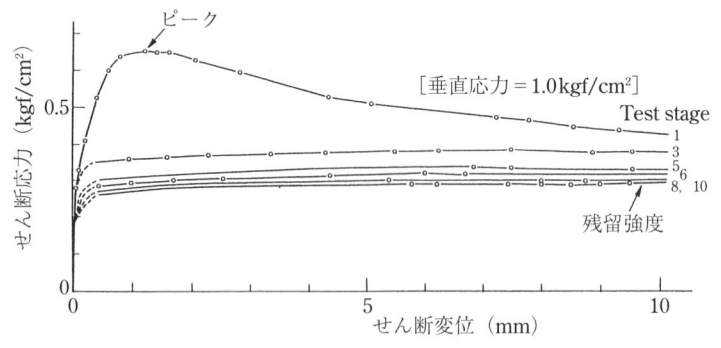

図 5-11　繰返し一面せん断試験結果の一例(松倉・水野, 1984; Matsukura, 1996)

に従い，強度は $0.3\,\text{kgf/cm}^2$ とほぼ一定値に近づく．この値を残留強度と認めた．垂直応力が $2.0\,\text{kgf/cm}^2$ までの五つの試験条件で得られたピーク強度と残留強度の値をもとに，図 5-12 を作成した．ピーク強度に対しては，$c'_p=0.169\,\text{kgf/cm}^2$，$\phi'_p=27.8°$，残留強度に対しては $c'_r=0.122\,\text{kgf/cm}^2$，$\phi'_r=10.6°$ となる．

式(5.8)にピーク強度と残留強度，あるいは土の単位体積重量と厚さのデータを代入し，安全率と斜面勾配との関係を見たのが図 5-13 である．m の値は 1.0, 0.5, 0 として計算した．現実の地すべり地では，m の値は前述したように，ほぼ $0.5\sim1.0$ の間で変動している．地すべり発生前の斜面勾配は $13.9°$ と推定されている．この斜面勾配とピーク強度を用いた解析によれば，地下水が地表面に一致する $m=1.0$ の場合(図の一番下の破線)でさえ $F_s=1.55$ となり，地すべりの発生は説明しえない．Skempton(1964)は，初生地すべりの場合の土の平均強度はピーク強度(S_f)と残留強度(S_r)の間の値をとることを示し，その指標として残留係数 R(Residual factor)なるものを次のように定義した．

$$R=\frac{S_f-S}{S_f-S_r} \tag{5.9}$$

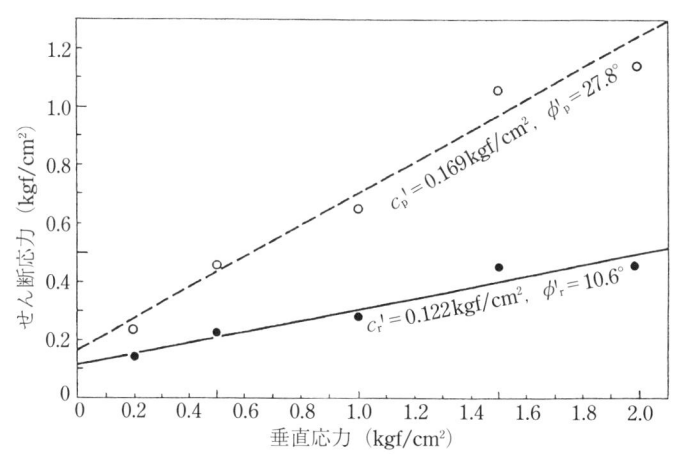

図 5-12 東山地すべり粘土のせん断強度(松倉・水野, 1984; Matsukura, 1996)

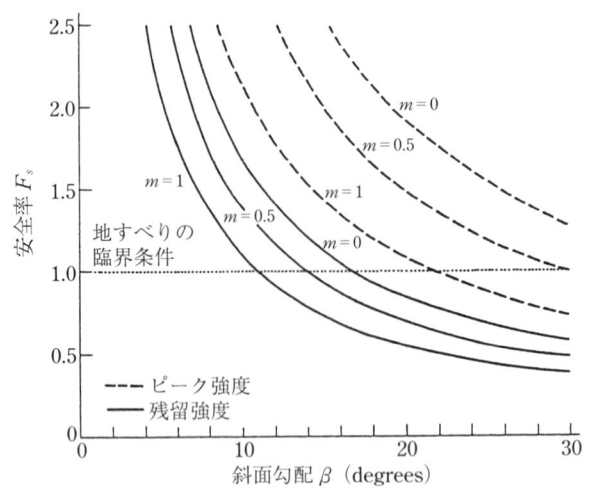

図 5-13 東山地すべりにおける斜面勾配 β と安全率 F_s との関係
(松倉・水野, 1984; Matsukura, 1996)
ピーク強度と残留強度を用い,地下水位の変動パラメーターである m を変化させている.安全率1以上が安定領域(安全側)であり,1以下が不安定領域(危険側)となる

ここで,S はすべり面上での平均強度を示す.

東山地すべり地における R は,次のようにして求められる.まず S は臨界条件 ($F_s=1$) においては,すべり面上に働くせん断力 [式(5.8)の分母で示される] と等しくなることから,$\beta=13.9°$ の条件で 0.257 kgf/cm^2 となる.次に $m=0.5$ および $m=1.0$ において,すべり面に働く垂直応力 [式(5.8)の分子のかぎ括弧×$\cos^2\beta$ で示される] は,それぞれ 0.737 kgf/cm^2,0.435 kgf/cm^2 となる.そこで図 5-12 から,これらの垂直応力における S_f は 0.557 kgf/cm^2,0.398 kgf/cm^2,S_r は 0.257 kgf/cm^2,0.203 kgf/cm^2 とそれぞれ与えられる.式(5.9)にこれらの値を代入すると $m=1.0$ のとき $R=0.72$,$m=0.5$ のとき $R=1$ が得られる.このことは $m=1.0$ の条件下ですべりが始まったとすると,そのときの土の強度はすべり面全体の7割が残留強度まで低下していたことを示し,$m=0.5$ の条件を与えると,ほぼすべり面全体が残留強度にまで低下していたことになる.以上のことから,地すべり発生時には,すでにすべり面の強度はかなり低下しており,それに地下水位の上昇が重なり(地すべりは

梅雨時に発生した),斜面が不安定になり,すべり出したと想定される.

地すべり発生1年後の斜面勾配は11.3°ほどである.この場合,移動量,すなわちせん断の変位量から考えて,土の強度は残留強度値にまで低下していたと思われるが,このことを検討してみよう.残留強度を用い11.3°を式(5.8)に代入すると,図5-13において$m=0.5$のとき$F_s=1.24$,$m=1.0$のとき$F_s=0.97$となる.すなわち最低水位では安定であるが,水位が上昇すると不安定になることを示している.このことは,図5-10において水位の低いときには移動せず,水位が上昇したときに移動するという観測結果と調和的である.すなわち,この時点での斜面の安定は残留強度でうまく説明される.

この残留強度と地下水位がもっとも高い状態($m=1$)を想定すると,安定の限界を示す勾配(threshold slope angleまたはlimiting slope angle)が推定できる.図5-13にこの条件を入れると,$\beta=11°$と与えられる.すなわち,この地すべり地では斜面勾配が11°以下では,どのような地下水位の条件下においても不安定にならないことになる.この地すべり地が1977年の年末にほぼ11°の勾配ですべりを停止させたことから,安定解析から求められる安定限界勾配11°という値は,ほぼ妥当と思われる.

■ 地すべりの反復性

(地すべり粘土の風化による強度低下と斜面の不安定性)

図5-14は,地すべり地における,風化-物性(強度)-斜面安定の関係を模式的にまとめたものである.この図はまた,地すべりの再発過程を示している.すなわち,地すべり地においては,風化によって徐々に地すべり土の強度が低下している.それが斜面がもっている勾配に耐えられなくなったときに,降雨等を引き金にしてすべり始める.しかし,ある程度すべると斜面は減傾斜されることになり,安定勾配を取り戻す(減傾斜することにより安全率を上昇させる).しかし,その後しばらくは安定であったとしても,斜面物質の風化はまた時間の経過とともに徐々に進むことになり,その結果いずれまた不安定になる.このようにして,地すべりは同じ場所でも再発を繰り返すことになる.ただし,この風化による強度低下はきわめて緩慢なものであり,地すべりの再発周期は,山崩れのそれより長時間であることが想定される.

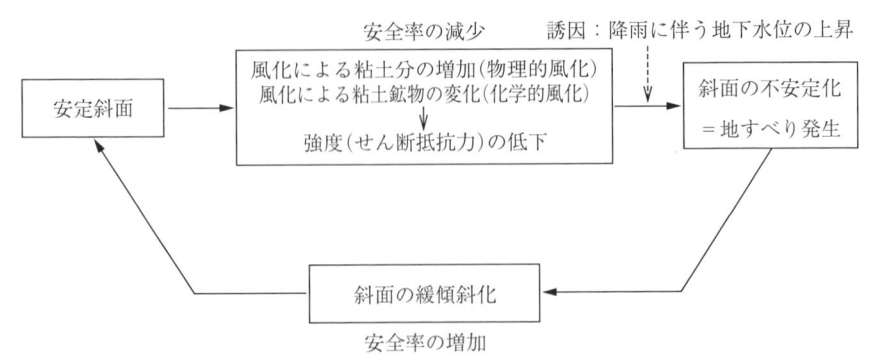

図 5-14 地すべり地における安全率の変化と地すべりの再発との関連

引 用 文 献

Bishop, A.W. (1955) The use of the slip circle in the stability analysis of slopes. Géotechnique, **5**, 7-17.

Matsukura, Y. (1996) The role of the degree of weathering and groundwater fluctuation in landslide movement in a colluvium of weathered hornblende-gabbro. Catena, **27**, 63-78.

松倉公憲・水野恵司(1984)柿岡盆地北部，東山地すべりにおける斜面勾配とその力学的安定について．地理学評論, **57**, 485-494.

Matsukura, Y. and Tanaka, Y. (1983) Stability analysis for soil slips of two gruss-slopes in southern Abukuma Mountains, Transactions of the Japanese Geomorphological Union, **4**, 229-239.

May, D. R. and Brahtz, J.H.A. (1936) Proposed methods of calculating the stability of earth dams. Transactions of the 2nd Congress on Large Dams, **4**, 539.

応用地質調査事務所(1977)52 県単砂防工事調査第 1 号，砂防工事基礎調査工事報告書．1-52.

Skempton, A.W. (1964) Long-term stability of clay slopes. Géotechnique, **14**, 77-101.

Skempton, A.W. and DeLory, F.A. (1957) Stability of natural slopes in London Clay. Proceedings of the 4th International Conference on Soil Mechanics and Foundation Engineering, London, **2**, 378-381.

Taylor, D.W. (1948) *Fundamentals of Soil Mechanics*. John Wiley & Sons, New

York, 700 p.

Appendix 5-1 粘土斜面の円弧安定解析の式(スライス法)

このアプローチは May and Brahtz(1936)によって最初に提案されたものであり，図 5A-1 のように土塊を多数のスライスの集合体とみなすことから，このような解析はスライス法と呼ばれている．破壊面は点 O を中心とする円弧を想定している．このような斜面における安全率は次式によって表される．

$$F_s = \sum_A^B \frac{c'l + (W\cos\theta - ul)\tan\phi'}{W\sin\theta} \tag{5A.1}$$

スライス法の変形式が Bishop(1955)によって示されており，その簡単な形が以下のような式である．

$$F_s = \sum_A^B \frac{c'l + [(W/\cos\theta) - ul]\tan\phi'}{1 + (\tan\theta\tan\phi'/F_s)} \frac{1}{W\sin\theta} \tag{5A.2}$$

この式は以下のように求められる．

図 5A-1 における斜面の安全率は次式のように定義される．

$$F_s = \sum_A^B \frac{S}{T} \tag{5A.3}$$

ここで，T と S は，おのおののスライスの基底に沿った最大せん断抵抗力と実際のせん断力とを示しており，それらは次のように示される．

$$S = c'l + (N - ul)\tan\phi' \tag{5A.4}$$

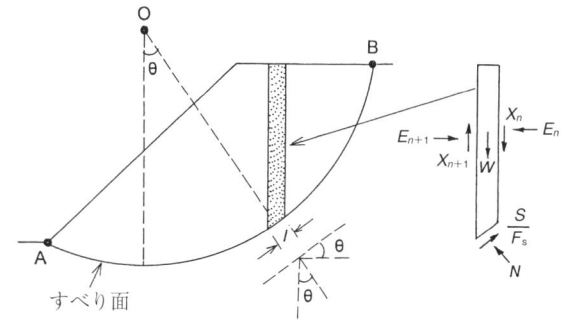

$$T = W\sin\theta \tag{5A.5}$$

図 5A-1 円弧すべりの解析

ここで，W はスライスの重量，c' と ϕ' は斜面構成物質の粘着力とせん断低抗角である．また，u は間隙水圧，l はスライスの破壊面に沿う方向の幅である．N はスライスの基底に働く全垂直力であり，それは垂直に分割した力によって決定される．平衡状態では

$$N\cos\theta = W + X_n - X_{n+1} - \frac{S}{F_s}\sin\theta \tag{5 A.6}$$

斜面が不安定になれば $F_s=1$ である．式(5 A.4)を変形し N を求め，それを式(5 A.6)に代入し，両辺を $\cos\theta$ で割って整理をすると，次式が得られる．

$$S = c'l + \left(\frac{W^*}{\cos\theta} - \frac{S}{F_s}\tan\theta - ul\right)\tan\phi' \tag{5 A.7}$$

ここで $W^* = W + X_n - X_{n+1}$ である．この式を整理すると

$$S = \frac{c'l + (W^*/\cos\theta - ul)\tan\phi'}{1 + (\tan\theta\tan\phi'/F_s)} \tag{5 A.8}$$

となるので，式(5 A.3)，式(5 A.5)，式(5 A.8)を組み合わせることにより，安全率は次式で与えられる．

$$F_s = \sum_A^B \frac{c'l + [(W^*/\cos\theta) - ul]\tan\phi'}{1 + (\tan\theta\tan\phi'/F_s)} \frac{1}{W\sin\theta} \tag{5 A.9}$$

Bishop(1955)は，計算上は 1% の誤差しかないので，$X_n = X_{n+1}$ と仮定した．その場合 $W^* = W$ となり，式(5 A.9)は式(5 A.2)となる．式(5 A.1)と式(5 A.2)の違いは，垂直力 N の導出に起因している．May and Brahtz は式(5 A.6)における F_s の項を無視し，暗黙のうちに $F_s=1$ と仮定した．したがって式(5 A.6)は次式のようになる．

$$N\cos\theta = W^* - S\sin\theta \tag{5 A.10}$$

さらに，$S = T = W\sin\theta$ であり，もしスライス間の圧力が無視できると仮定すれば，次式が得られる

$$N\cos\theta = W(1-\sin^2\theta) \quad \text{または} \quad N = W\cos\theta \tag{5 A.11}$$

この N を式(5 A.4)に代入するとすれば，式(5 A.2)ではなく，式(5 A.1)が得られることになる．

Appendix 5-2　間隙水圧 u の考え方

図 5 A-2 のような斜面において，降雨によって地下水が上昇し，その地下水が地表面に平行な飽和側方流となっていることを想定する．この場合，せん断破壊面(す

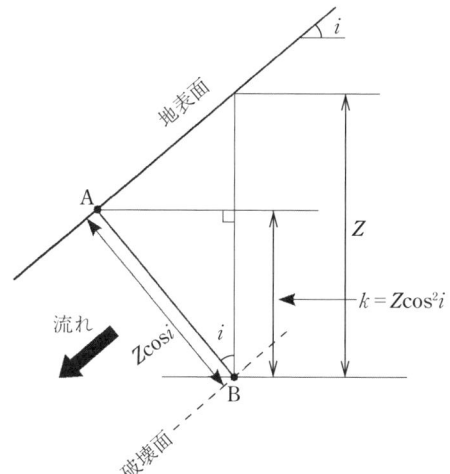

第5章　マスムーブメントの力学的解析II

図 5A-2　間隙水圧

べり面)上での間隙水圧がどのような値になるかを考えてみよう．

地表Aから垂線を下ろし，せん断面と交わる点をBとする．斜面勾配をiとすると，図でのkの値は

$$k = Z\cos i \times \cos i = Z\cos^2 i$$

となる．今，地下水流が斜面と平行であるという条件を与えたので，地下水流の流線もまた斜面に平行ということになる．したがって，この流線に直交するABのラインは等ポテンシャル(水頭)ラインということになる．すなわち，点Aでの全ポテンシャルと点Bでの全ポテンシャルは等しい．

ところで点Aでの間隙水圧は0であり，点Bでの間隙水圧はuである．また，点Bでの位置ポテンシャルを0とすると点Aでの位置ポテンシャルは，ABでの水頭差，すなわちkの高さ分の水の重量となる．すなわち，水の単位体積重量をγ_wとするとその重量は$k\gamma_w = \gamma_w Z\cos^2 i$となる．以上のことから，点A，点Bの全ポテンシャルが等しいとおけば，

$$u = \gamma_w Z\cos^2 i$$

が導かれる．

付　　　録

1.　演習問題解答例

演習問題 1-1

式(1.5)と式(1.6)を用いて計算する．

b が $30°$ の場合は

$$\sigma = \frac{4+1}{2} + \frac{4-1}{2}\cos 60° = 2.5 + 1.5 \times \frac{1}{2} = 2.5 + 0.75 = 3.25 \quad (\text{kgf/cm}^2)$$

$$\tau = \frac{4-1}{2}\sin 60° = \frac{3}{2} \times \frac{\sqrt{3}}{2} = \frac{5.20}{4} \approx 1.30 \quad (\text{kgf/cm}^2)$$

となる．同様にして

　　b が $45°$ の場合　　$\sigma = 2.50$ 　(kgf/cm^2)，　　$\tau = 1.50$ 　(kgf/cm^2)
　　b が $60°$ の場合　　$\sigma = 1.75$ 　(kgf/cm^2)，　　$\tau = 1.30$ 　(kgf/cm^2)

演習問題 1-2

横軸に σ，縦軸に τ のグラフを描き，σ 軸上で $4\,\text{kgf/cm}^2$ と $1\,\text{kgf/cm}^2$ の 2 点を直径とする円を描く．$\sigma = 1\,\text{kgf/cm}^2$ の点から σ 軸とのなす角が $30°$，$45°$，$60°$ となる直線を引き，それらの直線が円と交わる点がそれぞれ求める τ と σ を与えることになる．それらの値が演習問題 1-1 の答えと同じになることを確かめよ．

演習問題 2-1

$$\sigma = \frac{P}{A} = \frac{4,000}{400} = 10 \quad (\text{kgf/mm}^2)$$

$$\varepsilon = \frac{\Delta l}{l} = \frac{0.22}{500} = 0.44 \times 10^{-3}$$

$$E = \frac{\sigma}{\varepsilon} = \frac{4{,}000/400}{0.22/500} = 2.27 \times 10^4 \quad (\text{kgf/mm}^2)$$

演習問題 2-2

$$w = \frac{\sigma_E^2}{2E} = \frac{80^2}{2 \times (2.1 \times 10^4)} = 0.15 \quad (\text{kgf/mm/mm}^3)$$

演習問題 2-3

$$\varepsilon_l = \frac{0.2}{200} = 1 \times 10^{-3} \qquad \varepsilon_b = \frac{-0.0018}{12} = -1.5 \times 10^{-4}$$

$$\nu = -\frac{\varepsilon_b}{\varepsilon_l} = -\frac{(-1.5 \times 10^{-4})}{1 \times 10^{-3}} = 0.15$$

演習問題 2-4

ヒント:密度は質量/体積であり,質量は変化しないので,密度が変化するかどうかは体積の変化を調べればよい.

今,棒の長さを l,直径を d とし,変形後にそれぞれ l' と d' になったとして体積を求める.

$$l' = l(1 + \varepsilon_l) \qquad d' = d(1 + \varepsilon_b)$$

変形前の体積は $V = \pi \times (d/2)^2 \times l$ であり,変形後の体積は $V' = \pi \times (d'/2)^2 \times l'$ となる.変形後の体積と変形前の体積の比をとると

$$\frac{V'}{V} = \frac{d'^2 l'}{d^2 l} = \frac{d^2(1+\varepsilon_b)^2 \times l(1+\varepsilon_l)}{d^2 l} = (1 + 2\varepsilon_b + \varepsilon_b^2)(1 + \varepsilon_l) \cong 1 + 2\varepsilon_b + \varepsilon_l$$

(この最後の展開のところでは,ε_l と ε_b の値は微小なので,それらの2次以上の項は無視できると仮定している)

ここで $\varepsilon_b = -\nu\varepsilon_l$ であるから

$$\frac{V'}{V} = 1 + 2\varepsilon_b + \varepsilon_1 = 1 - 2\nu\varepsilon_1 + \varepsilon_1 = 1 + \varepsilon_1(1-2\nu)$$

大谷石の場合　$\nu=0.15$　であるから　$1-2\nu>0$　ゆえに　$(V'/V)>1$
すなわち変形後の体積が大きい(体積増加している)ので，密度は減少する．
ゴムの場合　$\nu=0.5$　であるから　$1-2\nu=0$　ゆえに　$(V'/V)=1$
すなわち体積変化がないので，密度は変わらない．

演習問題 3-1

　片対数グラフを用い，落下回数を横軸(対数目盛)にとり，縦軸に含水比をとってデータをプロットすると流動曲線が得られる(実際にプロットしてみよ．プロットはほぼ直線関係を示す)．流動曲線上において落下回数が25回のときの含水比が液性限界であるので，それは31.5%となる．また，塑性限界の含水比は

$$w_P = \frac{18.86 - 15.38}{15.38} \times 100 = 22.6\%$$

となる．塑性指数は

$$I_P = w_L - w_P = 31.5 - 22.6 = 8.9$$

演習問題 3-2

　図 3-15のaをもとにして，図 S-1 のように補助線を引き各部に記号を付ける．
△ABCと△ADOは相似であるので，AB：AO＝BC：OD＝$(1/2)S_t : S_s$
すなわち，

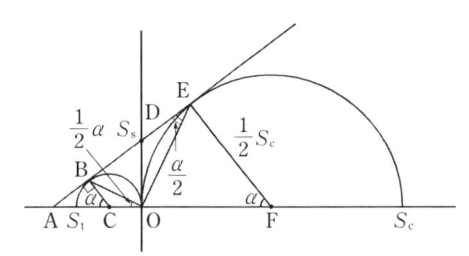

図 S-1
圧縮強度と引張強度からせん断強度 S_s を推定する方法図3-15のaに補助線を入れたものである．点Dは S_s と同じ点となる．

$$\mathrm{AO} \times \frac{1}{2} S_\mathrm{t} = S_\mathrm{s} \times \mathrm{AB} \qquad (1)$$

同様に△AODと△AEFも相似であるのでAO:AE=DO:FE=S_s:$(1/2)S_\mathrm{c}$
すなわち,

$$\mathrm{AO} \times \frac{1}{2} S_\mathrm{c} = S_\mathrm{s} \times \mathrm{AE} \qquad (2)$$

式(1)と式(2)を掛け合わせると

$$\mathrm{AO}^2 \times \frac{1}{4} S_\mathrm{t} \times S_\mathrm{c} = S_\mathrm{s}^2 \times \mathrm{AB} \times \mathrm{AE}$$

となる．これを整理すると

$$S_\mathrm{s}^2 = \frac{\mathrm{AO}^2 \times 1/4 S_\mathrm{t} \cdot S_\mathrm{c}}{\mathrm{AB} \times \mathrm{AE}} \qquad (3)$$

ところで，△FEOは二等辺三角形なので，∠EFOをαとすると,

$$\angle \mathrm{EOF} = \angle \mathrm{OEF} = \frac{\pi - \alpha}{2} = \frac{\pi}{2} - \frac{\alpha}{2}$$

ところで∠ACBもαとなるので，∠COB=∠CBO=$\alpha/2$
ゆえに△ABOと△AOEは相似．したがってAO:AE=AB:AO

$$\mathrm{AO}^2 = \mathrm{AB} \times \mathrm{AE}$$

すなわち

$$\frac{\mathrm{AO}^2}{\mathrm{AB} \times \mathrm{AE}} = 1$$

これを式(3)に代入すると

$$S_\mathrm{s}^2 = \frac{1}{4} S_\mathrm{t} \cdot S_\mathrm{c}$$

ゆえに

$$S_\mathrm{s} = \frac{1}{2} \sqrt{S_\mathrm{t} \cdot S_\mathrm{c}}$$

となる．

演習問題 3-3

せん断強度は $\tau = c + \sigma \tan\phi$ で表されるので，

① $1.14 = 0 + 2 \times \tan\phi \qquad 0.57 = \tan\phi \qquad \phi = 29.7°$

② $\tau = 3.5 \times \tan 29.7° = 1.996 \quad (\text{kgf/cm}^2)$

演習問題 3-4

① 横軸（x 軸）に σ，縦軸（y 軸）に τ をとり，データをプロットする．データプロットはほぼ直線関係を示すであろうから，それらの点を結ぶように直線を引いて c，ϕ を求めればよい．ただし，このような"直線を目の子で引く (fitting by eye)"やり方は，簡便ではあるが科学的とはいえない．なぜなら同じデータを用いていても，人によって線の引き方が微妙に異なり，異なった c，ϕ の値が導かれるからである．そこで，正確に c，ϕ を求めるためには以下の②の計算法によらなければならない．

② Appendix 3-3 を参考に，最小二乗法により計算で求めてみよう．

まず，回帰式を求めるために，データを用いて以下のような表を作成する（σ の値を x，τ の値を y とする）．

データ番号	x	y	$x - \bar{x}$	$y - \bar{y}$	$(x - \bar{x})^2$	$(y - \bar{y})^2$	$(x - \bar{x})(y - \bar{y})$
1	0.2	0.41	-0.55	-0.26	0.302 5	0.067 6	0.143
2	0.4	0.45	-0.35	-0.22	0.122 5	0.048 4	0.077
3	0.8	0.64	0.05	-0.03	0.002 5	0.000 9	$-0.001\,5$
4	1.6	1.18	0.85	0.51	0.722 5	0.260 1	0.433 5
計	3.0	2.68	0	0	1.15	0.377	0.652

ここで，n をデータ数，$\bar{x}$ を x の平均値，$\bar{y}$ を y の平均値，$s^2(x)$ を x の分散，$s^2(y)$ を y の分散，$c(x,y)$ を x と y の共分散とすると，

$n = 4, \quad \bar{x} = 0.75, \quad \bar{y} = 0.67, \quad s^2(x) = 1.15 \div 4 = 0.287\,5,$
$s^2(y) = 0.377 \div 4 = 0.094\,25, \quad c(x,y) = 0.652 \div 4 = 0.163$

となる．これらの値を式（3 A.5）に代入すると

$$y - 0.67 = \frac{0.163}{0.287\,5}(x - 0.75)$$

となるので，y を τ に，x を σ に置き換え，整理すると

$$\tau = 0.567\sigma + 0.245$$

となる．すなわち，$c = 0.245$ kgf/cm^2，$\phi = \tan^{-1} 0.567 = 30°$ が得られる．

また，相関係数は Appendix 3-3 の最後の式を用いて以下のように計算される．

$$r = \frac{c(x,y)}{s(x) \cdot s(y)} = \frac{0.163}{\sqrt{0.2875 \times 0.09425}} = 0.990$$

演習問題 4-1

単位の換算に注意して，物性値を式(4.8)または式(4.9)に代入すると，およそ 200 m の垂直自立高さが計算される．しかし，現実には 100 m に満たない崖で崩落が起こり豊浜トンネルを押しつぶすことになった．この崖では図 4-5 に示されているように，崖の背後に引張亀裂（開口クラック）が発達していたことと，崖の基部に塩類風化作用によると思われるノッチが発達しており，それらが崖の崩落に寄与したのではないかと推定されている．

演習問題 4-2

① この崖の限界高さは $H = (2q_u)/\gamma$ で与えられる［式(4.13)］．したがって圧縮強度の単位を kgf/m^2 に換算して計算すると

$$H = \frac{2 \times (300 \times 100^2)}{2,500} = 2,400 \quad \text{(m)}$$

となる．したがって，現在すでに崖は 500 m の高さがあるので，崖が不安定になるのは下刻があと 1,900 m 進んだ場合である．問題文から下刻は 2 mm/year の速度ですすむので，不安定になるまでの年数は

$$\frac{1,900 \times 10^3}{2} = 950,000 \quad \text{(年)}$$

② 下刻が起こらないから限界高さを $H = 500$ (m)，強度低下量が $\log_{10} y = 30t$ であるので，以下の式がなりたつことになる．

$$500 = \frac{2 \times (300-y) \times 100^2}{2,500} = \frac{2 \times (300 - 10^{30t}) \times 100^2}{2,500}$$

これを解くと

$$10^{30t} = 300 - \frac{500 \times 2,500}{2 \times 100^2} = 237.5$$

$$30t = \log_{10} 237.5$$

$$t = 0.079$$

t の単位は100万年であるので，7.9万年が求める答えである．

演習問題 4-3

3回目の崩壊がいつ起こるかは，2回目の崩壊とまったく同じような解析を行えばよい．すなわち

$$\frac{H_{c2}^2}{\tan a_2} = \frac{H_{c3}^2}{\tan i_3}$$

がなりたつ．ここで，$H_{c2}=24$ m，$a_2=66°$ であるから，これらを上の式に代入すると

$$H_{c3}^2 = 257 \tan i_3$$

が得られる．これを図示すると，図 S-2 の中の右上がりの曲線群の下から二つ目のようになる．同様にして4回目以降も計算でき，それらのラインは図のようになる．図中の交点がそれぞれ崩壊の起こる条件を与える．

演習問題 4-4

① 図 4-13 において，BC の長さを L とすると

$$L = \frac{(b - \Delta M)}{\cos \beta} \tag{1}$$

$H - Z = y$ とすると $y = (b - \Delta M)\tan \beta$ (2)

崩壊土塊の重量を W とすると $W = (\square \text{AFDE} - \triangle \text{BFC}) \times$ 単位体積重量であるので（ここで，F は図 4-13 において AB の延長線と CD の延長線の交わる

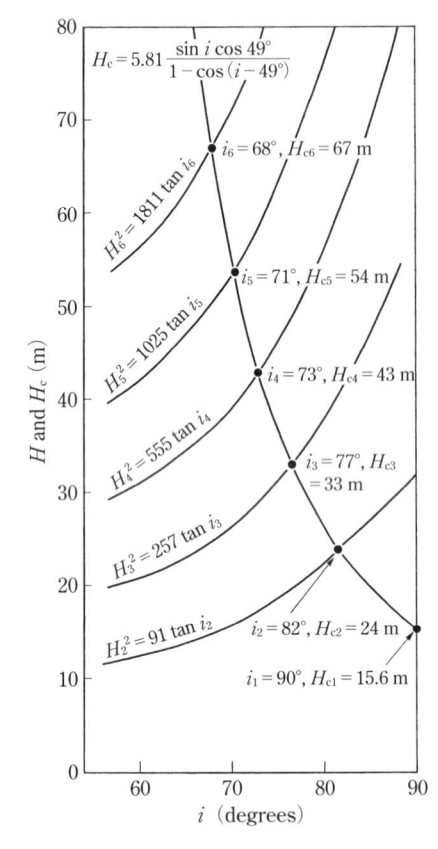

図 S-2 シラス台地開析谷の斜面勾配と斜面高さとの関係

図4-11の2本の曲線は，この図の右下りの曲線と右上りの中の一番下の曲線と同じものである

図中の記載：
- $H_c = 5.81 \dfrac{\sin i \cos 49°}{1-\cos(i-49°)}$
- $i_6 = 68°, H_{c6} = 67$ m
- $i_5 = 71°, H_{c5} = 54$ m
- $i_4 = 73°, H_{c4} = 43$ m
- $i_3 = 77°, H_{c3} = 33$ m
- $i_2 = 82°, H_{c2} = 24$ m
- $i_1 = 90°, H_{c1} = 15.6$ m
- $H_6^2 = 1811 \tan i_6$
- $H_5^2 = 1025 \tan i_5$
- $H_4^2 = 555 \tan i_4$
- $H_3^2 = 257 \tan i_3$
- $H_2^2 = 91 \tan i_2$

縦軸：H and H_c (m)，横軸：i (degrees)

点とする），

$$W = \gamma\left[\frac{1}{2}(Z+y+H)\times b - \frac{1}{2}(b-\Delta M)\times y\right]$$

となり，これに式(2)の y を代入して整理すると

$$W = \frac{1}{2}\gamma[(Z+H)b + (b-\Delta M)\Delta M \tan\beta] \tag{3}$$

潜在破壊面 BC に沿うせん断力 T と潜在破壊面 BC に沿うせん断抵抗力 S は，それぞれ

$$T = W \sin\beta$$

$$S = cL + W\cos\beta\tan\phi$$

と与えられ，斜面の安全率 F_s は

$$F_\mathrm{s} = \frac{S}{T} = \frac{cL + W\cos\beta\tan\phi}{W\sin\beta} \qquad(4)$$

となる．式(1)，式(3)，式(4)を組み合わせると，次式が得られる．

$$F_\mathrm{s} = \frac{2c(b-\Delta M)}{\gamma[(Z+H)b + (b-\Delta M)\Delta M\tan\beta]\sin\beta\cos\beta} + \frac{\tan\phi}{\tan\beta} \qquad(5)$$

② Culmann の解析を援用しているので，この場合はランキンの主働状態(22, 23ページおよび図1-10参照)に相当する．そこで安全率は

$$\beta = \frac{\pi}{4} + \frac{\phi}{2} \qquad(6)$$

のときにいつも最大値をとることになる(Appendix 4-2 参照)．

崖の物質の物性値($\phi=42°$)を式(6)に代入すると，破壊面の角度 β は $66°$ と計算される．$\beta=66°$ と仮定すると，幾何学的解析の式(2)から Z が求まることになり，次式が得られる．

$$Z = \tan 66°(\Delta M - b) + H \qquad(7)$$

式(7)を式(5)に代入して Z を消去し，さらに $F_\mathrm{s}=1$，$\beta=66°$，$\gamma=1.72\,\mathrm{gf/cm^2}$，$c=0.33\,\mathrm{kgf/cm^2}$，$\phi=42°$ を代入すると，H と b と ΔM の関係が，次式のように求まる(単位 cm)．

$$H = \frac{1.12}{b}\Delta M^2 - \left(\frac{862}{b} + 2.25\right)\Delta M + (862 + 1.12b) \qquad(8)$$

さらに，図で示される崖の断面形より，H と b はそれぞれ $7.1\,\mathrm{m}$ と $1.4\,\mathrm{m}$ である．そこでこれらの値を式(8)に代入すると二次方程式が得られ，その解は $38.1\,(\mathrm{cm})$ と $1,010\,(\mathrm{cm})$ となる．$1,010\,\mathrm{cm}$ はあり得ないので棄却し $\Delta M = 38.1\,\mathrm{cm}$ と求まる．すなわちノッチの深さが $38\,\mathrm{cm}$ ほどになると臨界状態(破壊の発生)になることを示している．

演習問題 5-1

与えられた物性値と斜面高さの値から，N_s が以下のように求められる．

$$N_s = \frac{\gamma H}{c} = \frac{2,000 \times 50}{1,000} = 100$$

図 5-1 において，縦軸の $N_s = 100$ のところから右に線を延ばすと $\phi = 20°$ のラインにぶつかる．そこから縦(垂直)に線を下ろすと，そのときの斜面勾配はおよそ 23°と読むことができる．

演習問題 5-2

① 無降雨の場合なので，自然含水比状態の物性値($\gamma = 1.86$ gf/cm³，$c = 54$ gf/cm²，$\phi = 43°$)を使う．これらと $Z = 100$ cm，$\beta = 40°$ を式(5.2)に代入して計算すると安全率は 1.7 となる．

② 降雨によってマサ土が湿っているということで，飽和状態の物性値($\gamma = 2.09$ gf/cm³，$c = 41$ gf/cm²，$\phi = 39°$)を使う．これらの値と $Z = 100$ cm，$\beta = 40°$ を式(5.2)に代入するか，地下水流が発生していないという $m = 0$ の条件も与えられているので，これらを式(5.5)に代入して計算すると安全率は 1.36 となる．

③ 降雨によってマサ土が湿っているということで，②と同様に飽和状態の状態の物性値を使う．さらに地下水流が発生しているという $m = 1.0$ の条件も与えられているので，これらの値と $\gamma_w = 1.0$ gf/cm³ を式(5.5)に代入して計算すると安全率は 0.9 となる．

これらの計算から，②と③の条件の間で崩壊が起こることが予想される．臨界時の m 値は，飽和状態の状態の物性値を使い，$F_s = 1$ を式(5.5)に代入することで計算され，$m \fallingdotseq 0.79$ となる．すなわち，地下水面が地表までの約 8 割の高さにまで上昇したときに崩壊が起こるという計算結果になる．

2. SI 単位と本書で使用される単位系

■ 絶対単位系と重力単位系

　絶対単位系は，長さ[L]，質量[M]，時間[T]を基本量とするLMT単位系ともいう．力学分野では，主にMKS単位系(基本単位がm, kg, s)とCGS単位系(基本単位がcm, g, s)が用いられてきた．一方，重力単位系は基本量として長さ[L]，力[F]，時間[T]を用いるのでLFT単位系ともいう．重力単位系の名の由来は，一定質量の物体に働く重力(重量)を基本単位にすることからである．すなわち，基本単位の一つに質量(例，kg)ではなく重量(例，kgf)を用いる．重量は力の一種であり，重力加速度が関係し，その大きさは時間や場所に左右されるため，重力単位系はしばしば絶対単位系の対極にあるとして非絶対単位系とも呼ばれる．

　力[F]と質量[M]の関係は，ニュートンの運動第二法則によって，$F=ma$ (ここでaは加速度)で表される．絶対単位系(SI)の場合は，力の単位にニュートンを選び，$1\,N(=kg\,m/s^2)$は，質量$m=1\,kg$の物体に，$a=1\,m/s^2$の加速度を生じる力の大きさと定義している．$1\,N=1\,kg\times 1\,m/s^2$．一方，重力単位(MKS単位)系の場合は，力の単位にkgf(重量キログラム)を選び，この力(重量)は物質の質量$m(kg)$と地球の重力による自由落下の加速度$g(m/s^2)$の積に等しいと規定するものである．$1\,kgf=1\,kg\times g\,m/s^2$．ただし重力加速度の値は，時間や場所によって変わるので，計算分野では国際的に標準重力加速度$g_n=9.806\,65\,kg\,m/s^2$を定め，この重量を標準重量$1\,kgf$と定義している．以上からSIと重力単位系の相互の換算は

　　　$1\,kgf=9.806\,65\,kg\,m/s^2=9.806\,65\,N$　　または　　$1\,N=0.101\,972\,kgf$

によって求まることになる．

■ 工学系単位系

　工学系単位系は，重力単位系(m, kgf, s)に，基本単位として絶対単位系の質量の単位(kg)を追加し，質量(kg)と重量(kgf)を併用し，互いの長所を利用

した実用本位の混用単位系であり，地盤工学を含む広範囲な工学分野で使用されてきた．

■ 質量と重量

物理学上での質量の概念は概して難解であるが，計量分野での質量の定義は簡単であり"質量計ではかった目方"を指している．その測定には天秤とばねばかりがある．天秤は，分銅と他方の被測定物に，その場所における重力加速度gをともに作用させ重力の影響を相殺させるので，原理的に常に一定値を示す．一方ばねばかりは，被測定物をばねにつるすか載せるかしてmに重力加速度gを掛けた状態の力(重量$W=mg$)を測定するため，場所と時間の影響を受ける．したがって計量法で規制されているように，はかり(質量計)に付けられた目盛は使用場所が異なれば重力誤差が生じるので，較正する必要がある．

質量m(kg)の物体は重力加速度g(m s^{-2})で落下しようとしているので，これを手で支えれば，その手にmgの大きさの力を感じる．日常的には，これを重量または重さと呼んでいるが，実態は"質量"の概念でとらえていることになる．

■ 密度と単位体積重量

密度(density)ρは，単位体積あたりの質量で定義され，岩石や土の密度，乾燥密度，湿潤密度，飽和密度などの用語がある．岩石や土の供試体では g/cm^{3}の単位が使いやすい．この単位は従来からの慣用単位であり，厳密にはSIの原則にのっとっていない点もあるが，使用することに問題はない．

単位体積重量(unit weight)γは，重力場の応力計算や斜面安定の計算などにおいて，物体の重量を体積の関係で表すとき(崖物質の重量，斜面上の上載荷重，土被り圧など)の物理量として使われている．密度は試験による実測値であり，単位体積重量は密度から計算された値である．

ρとγの関係は，正確にはその地点での重力加速度gによって結びつけられるものであるが($\gamma=\rho g$)，その特定場所の重力加速度の情報入手は一般的には困難であり，したがって通常は便宜的に標準重力加速度g_nを用いて近似的

単位体積重量に換算することで代用する．

$$\gamma(\mathrm{kN/m^3}) = 9.80665\,(\mathrm{m/s^2}) \cdot \rho(\mathrm{Mg/m^2})$$

この方法は精度において実用上は問題となることはない．

■ 応力と圧力

SI においては応力の単位は $\mathrm{Pa}(=\mathrm{N/m^2})$ とされている．しかし，材料力学の分野などでは，旧来単位の $\mathrm{kgf/mm^2}$，$\mathrm{kgf/cm^2}$，$\mathrm{ton/m^2}$ などとの整合性を勘案して $\mathrm{N/mm^2}$，$\mathrm{N/m^2}$ などの単位が使用されている．また地盤工学の分野では，岩石・土の単位体積重量の単位に $\mathrm{kN/m^3}$，$\mathrm{MN/m^3}$ を使う関係から，Pa よりも $\mathrm{N/m^2}$ 系が使いやすいといえる．

■ 角度と勾配

角度に関する SI 単位はラジアン(rad)であるが，広く使用されている単位は，度，分，秒で，地形学や地盤分野でも角度や勾配には通常はこの 60 進法あるいは 10 進法の度・分・秒を用いている．JIS では後者を勧めている．たとえば斜面の勾配や岩石・土のせん断抵抗角などでは $30°30''$ とするより 10 進法表示の $30.5°$ と表現するほうが便利である．

たとえば切土などの法(のり)勾配には，斜面の垂直高さ(H)の水平長(L)に対する割合を示す 10 進法の慣用単位(1 割=10 分)がよく用いられる．たとえば，法勾配が 1 割 2 分 3 厘とは，$H/L=1.23$ をさす．

3. 単位の換算表

(1) 力

N	dyn	kgf	lbf	pdl
1	1×10^5	1.01972×10^{-1}	2.248×10^{-1}	7.233
1×10^{-5}	1	1.01972×10^{-6}	2.248×10^{-6}	7.233×10^{-5}
9.80665	9.80665×10^5	1	2.205	7.093×10
4.44822	4.44822×10^5	4.536×10^{-1}	1	3.217×10
1.38255×10^{-1}	1.38255×10^4	1.410×10^{-2}	3.108×10^{-2}	1

注) $1 \text{ dyn} = 10^{-5} \text{ N}$, 1 pdl (パウンダル) $= 1 \text{ ft} \cdot \text{lb/s}^2$

(2) 圧力

Pa	bar	kgf/cm²	atm	mH₂O	mHg	lbf/in²
1	1×10^{-5}	1.0197×10^{-5}	9.869×10^{-6}	1.0197×10^{-4}	7.501×10^{-6}	1.450×10^{-4}
1×10^5	1	1.0197	9.869×10^{-1}	1.0197×10	7.501×10^{-1}	1.450×10
9.80665×10^4	9.80665×10^{-1}	1	9.678×10^{-1}	1.0000×10	7.356×10^{-1}	1.422×10
1.01325×10^5	1.01325	1.0332	1	1.033×10	7.60×10^{-1}	1.470×10
9.80665×10^3	9.806×10^{-2}	1.0000×10^{-1}	9.678×10^{-2}	1	7.355×10^{-2}	1.422
1.3332×10^5	1.3332	1.3595	1.3158	1.360×10	1	1.934×10
6.895×10^3	6.895×10^{-2}	7.031×10^{-2}	6.805×10^{-2}	7.031×10^{-1}	5.171×10^{-2}	1

注) $1 \text{ Pa} = 1 \text{ N/m}^2$, $1 \text{ bar} = 10^{-5} \text{ Pa}$, $1 \text{ lbf/m}^2 = 1 \text{ psi}$

(3) 応力

Pa	N/mm²	kgf/mm²	kgf/cm²	lbf/ft²
1	1×10^{-6}	1.01972×10^{-7}	1.01972×10^{-5}	2.089×10^{-2}
1×10^6	1	1.01972×10^{-1}	1.01972×10	2.089×10^4
9.80665×10^6	9.80665	1	1×10^2	2.048×10^5
9.80665×10^4	9.80665×10^{-2}	1×10^{-2}	1	2.048×10^3
4.786×10	4.786×10^{-5}	4.882×10^{-6}	4.882×10^{-4}	1

注) $1 \text{ N/mm}^2 = 1 \text{ MPa}$

（4） 角 速 度

rad/s	°/s	rpm
1	5.730×10	9.549
1.745×10^{-2}	1	1.667×10^{-1}
1.047×10^{-1}	6	1

注） 1 rad = 57.296°, rpm は r/min とも書く

（5） 仕事，エネルギーおよび熱量

J	kW·h	kgf·m	kcal	ft·lbf	BTU
1	2.778×10^{-7}	1.0197×10^{-1}	2.389×10^{-4}	7.376×10^{-1}	9.480×10^{-4}
3.6×10^{6}	1	3.671×10^{5}	8.600×10^{2}	2.655×10^{6}	3.413×10^{3}
9.807	2.724×10^{-6}	1	2.343×10^{-3}	7.233	9.297×10^{-3}
4.186×10^{3}	1.163×10^{-3}	4.269×10^{2}	1	3.087×10^{3}	3.968
1.356	3.766×10^{-7}	1.383×10^{-1}	3.239×10^{-4}	1	1.285×10^{-3}
1.055×10^{3}	2.930×10^{-4}	1.076×10^{2}	2.520×10^{-1}	7.780×10^{2}	1

注） 1 J = 1 W·s, 1 kgf·m = 9.80665 J, 1 W·h = 3 600 W·s, 1 cal = 4.186 05 J

（6） 熱 伝 導 率

W/(m·k)	kcal/m·h·°C	BTU/ft·h·°F
1	8.600×10^{-1}	5.779×10^{-1}
1.163	1	6.720×10^{-1}
1.731	1.488	1

4. 三角関数の基礎公式

■ 加法定理

$$\sin(\alpha \pm \beta) = \sin\alpha\cos\beta \pm \cos\alpha\sin\beta$$

$$\cos(\alpha \pm \beta) = \cos\alpha\cos\beta \mp \sin\alpha\sin\beta$$

$$\tan(\alpha \pm \beta) = \frac{\tan\alpha \pm \tan\beta}{1 \mp \tan\alpha\tan\beta}$$

■ 倍角および半角の公式

(1)

$$\sin 2\alpha = 2\sin\alpha\cos\alpha = \frac{2\tan\alpha}{1+\tan^2\alpha}$$

$$\cos 2\alpha = \cos^2\alpha - \sin^2\alpha = 2\cos^2\alpha - 1 = 1 - 2\sin^2\alpha = \frac{1-\tan^2\alpha}{1+\tan^2\alpha}$$

$$\tan 2\alpha = \frac{2\tan\alpha}{1-\tan^2\alpha}$$

(2)

$$\sin 3\alpha = 3\sin\alpha - 4\sin^3\alpha$$

$$\cos 3\alpha = 4\cos^3\alpha - 3\cos\alpha$$

$$\tan 3\alpha = \frac{3\tan\alpha - \tan^3\alpha}{1 - 3\tan^2\alpha}$$

(3)

$$\sin\frac{\alpha}{2} = \pm\sqrt{\frac{1-\cos\alpha}{2}}$$

$$\cos\frac{\alpha}{2} = \pm\sqrt{\frac{1+\cos\alpha}{2}}$$

$$\tan\frac{\alpha}{2} = \pm\sqrt{\frac{1-\cos\alpha}{1+\cos\alpha}} = \frac{-1 \pm \sqrt{1+\tan^2\alpha}}{\tan\alpha}$$

（4）

$$\sin\frac{\alpha}{2}=\frac{1}{2}(\sqrt{1+\sin\alpha}-\sqrt{1-\sin\alpha})$$

$$\cos\frac{\alpha}{2}=\frac{1}{2}(\sqrt{1+\sin\alpha}+\sqrt{1-\sin\alpha})$$

（5）

$$\sin\frac{\alpha}{2}+\cos\frac{\alpha}{2}=\pm\sqrt{1+\sin\alpha}$$

$$\sin\frac{\alpha}{2}-\cos\frac{\alpha}{2}=\pm\sqrt{1-\sin\alpha}$$

5. 基礎関数の導関数

関　　数	導　関　数
x^n	nx^{n-1}
$\sqrt{x}$	$\dfrac{1}{2\sqrt{x}}$
$\dfrac{1}{\sqrt{x}}$	$-\dfrac{1}{2x\sqrt{x}}$
e^x	e^x
$a^x\,(a>0,\,a\neq 1)$	$a^x\log_e a$
$\log_e x$	$\dfrac{1}{x}$
$\log_a x$	$\dfrac{1}{x\log_e a}$
$x^x\,(x>0,\,x\neq 1)$	$x^x(1+\log_e x)$
$\sin x$	$\cos x$
$\cos x$	$-\sin x$
$\tan x$	$\dfrac{1}{\cos^2 x}$

索　引

あ

圧縮強度……………………55
アッターベルグ限界………52
圧裂引張試験………………58
安全率………………………92
安定限界勾配 ………120, 135

い

一軸圧縮強度………………56
一軸圧縮試験………………55
一次クリープ………………36
一面せん断試験……………72
異方性係数…………………84
インタクトロック ……65, 68
インターロッキング………79

え

液性限界……………………52
延性破壊……………………24

お

応　力………………………10
応力緩和……………………34

か

回帰直線……………………84

花崗岩……………………32, 123
かさ密度……………………43
間隙径分布…………………46
間隙水圧……………79, 122, 138
間隙比…………………44, 48
間隙率………………………44
含水比…………………45, 49
岩盤強度示数………………66
緩和時間……………………35

き

逆断層………………………20
強度異方性 ……………64, 83
強度平衡斜面………………67
亀裂係数……………………68

く

空間-時間置換……………106
クリープ………………33, 36
グリフィスの破壊理論……25
Culmann の解析 ………92, 103
クーロンの式……………18, 71

け

決定係数……………………87
限界間隙比…………………78
限界自立高さ…………94, 99

こ

広域応力場……………………21
降　伏…………………………25
降伏応力………………………30
コンシステンシー……………51
コンシステンシー限界………52

さ

最小主応力……………………13
最小二乗法……………………84
最大主応力……………………13
三軸圧縮試験…………………75
三次クリープ…………………37
残留強度………………………73
残留係数………………………133

し

地すべり………………………118, 128
収縮限界………………………52
主応力…………………………13
主応力軸………………………13
主応力面………………………12
主働破壊………………………23
受働破壊………………………23
シュミットハンマー…………57
シラス…………………………94
シラス台地……………………100
伸縮計…………………………37
真比重…………………………43

す

水中単位体積重量……………50
垂直応力………………………11, 73

せ

スライス法……………………137
寸法効果………………………56, 65

せ

脆性度…………………………59
脆性破壊………………………24
正断層…………………………20
赤外線水分計…………………46
潜在破壊面……………………91
せん断応力……………………11, 73, 77
せん断強度……………………59, 71, 76
せん断強度定数………………71
せん断抵抗角…………………18, 71

そ

相関係数………………………87
塑　性…………………………30
塑性限界………………………52
塑性指数………………………54

た

ダイレイタンシー……………78
縦弾性係数……………………28
単位体積重量…………………42, 49
弾　性…………………………28
弾性波伝播速度………………68

ち

遅延時間………………………36
地形材料学……………………4
地形プロセス学………………4, 5
中間主応力……………………13
チョーク………………………94

て

デイビス……………………2
Taylor の安定チャート………119
点載荷圧裂引張試験…………59

と

土　圧………………………21
土圧係数……………………22

な

内部摩擦角…………………71

に

二次クリープ………………36

ね

粘　性………………………30
粘性係数……………………30
粘弾性………………………33
粘着力……………………18, 71
粘土鉱物……………………53

は

ハンレイ岩…………………128

ひ

ピーク強度…………………73
比　重………………………42
ひずみ………………………11
引張強度……………………58
引張亀裂……………………66
比表面積……………………53
表層崩壊……………………123

ふ

風化制約斜面………………126
Voigt Model…………………33
フックの法則………………28

へ

ベーンせん断試験…………74

ほ

ポアソン数…………………29
ポアソン比…………………29
崩壊の周期性………………126
膨潤性クロライト…………129
飽和側方流…………………122
飽和単位体積重量…………50
飽和度……………………45, 49

ま

マサ土………………………124
マスムーブメント…………5, 90
Maxwell model………………33

み

水置換法……………………83
密　度………………………42

む

無限長斜面の安定解析……121

め

免疫性………………………118
免疫性の獲得………………128

も

モール-クーロンの破壊基準 ………19
モールの応力円 …………………13, 16
モンモリロナイト ………………………53

や

谷津榮壽 ……………………………4
山崩れ …………………………………118

山中式土壌硬度計………………………70
Young率 …………………………28

よ

横ずれ断層……………………………20

れ

レオロジー……………………………28

著者略歴

松倉　公憲　（まつくら・ゆきのり）
1997 年～2010 年筑波大学教授（生命環境科学研究科・地球環境科学専攻），理学博士
その後，早稲田大学・日本大学・中央大学・法政大学・共立女子大学・群馬県立女子大学・川村学園女子大学の非常勤講師，茨城大学特任教授（教育学部）などを務める．
1946 年生まれ，青森県八戸市出身．
1969 年東京教育大学理学部地学科（地理学専攻）卒業，
1976 年東京教育大学大学院理学研究科博士課程修了．
大学教育では，地球科学のうちとくに専門の地形学の分野を担当．
これまで，地形材料科学および地形プロセス学の立場から，風化プロセスや風化がつくる地形をはじめ，斜面プロセスや侵食速度などに関する地形学的研究に従事．

山崩れ・地すべりの力学
地形プロセス学入門

2008 年 10 月 1 日　初 版 発 行
2016 年 3 月 10 日　第 4 刷発行

著作者　松　倉　公　憲

発行所　筑波大学出版会
〒 305-8577
茨城県つくば市天王台 1-1-1
電話　(029) 853-2050
http://www.press.tsukuba.ac.jp/

発売所　丸善出版株式会社
〒 101-0051
東京都千代田区神田神保町 2-17
電話　(03) 3512-3256
http://pub.maruzen.co.jp/

編集・制作協力　丸善プラネット株式会社

© Yukinori MATSUKURA, 2008　　　Printed in Japan

組版・印刷・製本／中央印刷株式会社
ISBN978-4-904074-07-7 C3044